国家电网 STATE GRID

国网吉林省电力有限公司
STATE GRID JILIN ELECTRIC POWER COMPANY LIMITED

技能等级评价工作指导手册

无人机巡检工

国网吉林省电力有限公司人力资源部 编

吉林出版集团股份有限公司
全国百佳图书出版单位

图书在版编目（CIP）数据

技能等级评价工作指导手册.无人机巡检工/国网吉林省电力有限公司人力资源部编. -- 长春：吉林出版集团股份有限公司，2023.12

ISBN 978-7-5731-4519-2

Ⅰ.①技… Ⅱ.①国… Ⅲ.①无人驾驶飞机—应用—输电线路—巡回检测—职工培训—手册 Ⅳ.①TM726-62

中国国家版本馆 CIP 数据核字(2023)第 256825 号

技能等级评价工作指导手册——无人机巡检工
JINENG DENGJI PINGJIA GONGZUO ZHIDAO SHOUCE——WURENJI XUNJIANGONG

编　　写	国网吉林省电力有限公司人力资源部
责任编辑	林　丽
封面设计	婷　婷
开　　本	1/16
字　　数	300千字
印　　张	21.75
定　　价	98.00元
版　　次	2024 年 1 月第 1 版
印　　次	2024 年 1 月第 1 次印刷
印　　刷	天津和萱印刷有限公司

出　　版	吉林出版集团股份有限公司
发　　行	吉林出版集团股份有限公司
地　　址	吉林省长春市福祉大路5788号
邮　　编	130000
电　　话	0431-81629968
邮　　箱	11915286@qq.com
书　　号	ISBN 978-7-5731-4519-2

版权所有　翻印必究

编委会

主　　任：周敬东

副 主 任：姜兴涛

委　　员：刘耀伟　温建军　许宇辉　高　岩
　　　　　　李宏亮　赵　亮　刘春辉　祖　宇
　　　　　　于小川　张　丹

编写人员：李宏亮　赵　亮　赵铁民　刘春辉
　　　　　　祖　宇　于小川　张　丹　张蓝予
　　　　　　丁　建　陈万意　李刚涛　彭玉金
　　　　　　李　岩　时海刚　张　斌　鹿　优
　　　　　　刘立伟　冯　刚　陈　盟　郭江震
　　　　　　白津阳　周劲松　丁　铎

前　言

随着社会的进步和工业的发展，电网规模不断扩大，输电线路的总长度逐年递增。为了保证输电线路的正常运行和新技术在电网中发挥作用，提高输电线路运检工作效率，无人机巡检作业已经在电网生产中广泛应用，相应的无人机巡检人员技能等级评价工作也变得越来越重要。本书是根据《国家电网有限公司职业技能标准—无人机巡检工》编写而成的。

本书共包含七章，第一章为无人机巡检基础知识，主要介绍了无人机巡检系统、输电线路运维要求、电力安全工作规程、输电线路缺陷及无人机管理规定等内容，为后续的技能培训打下了坚实的理论基础；第二章为初级工技能培训，主要包含常用仪器的使用、多旋翼无人机起降、多旋翼360度原地自旋、架空输电线路金具识别等项目的训练内容；第三章为中级工技能培训，主要包含常用设备的使用、多旋翼无人机画圈飞行、可见光设备操作、耐张塔巡检、可见光设备维保与数据处理、缺陷识别等项目的训练内容；第四章为高级工技能培训，主要包含测高仪及红外成像等设备的使用、小型多旋翼无人机"8"字飞行、无人机设备保养、任务设备保养、无人机特殊巡视、通道巡视、任务制定、地面站操作及应急处置、缺陷查找等项目的训练内容；第五章为技师技能培训，主要包含保障设备使用、任务设备操作与维护、巡检任务制定、无人机应急处置、巡检数据处理、缺陷隐患分析等项目的训练内容；第六章为高级技师技能培训，主要包含无人机系统调试、巡检任务定制、精细化巡检等项目的训练内容；第七章为相关技能培训，主要包含班组管理、技艺传授等内容。

在编写过程中，参考了许多教材和文献，参考并引用了有关的研究结论，在此向他们表示衷心的感谢！

由于水平所限，本教材难免存在疏漏之处，恳请各位专家和读者提出宝贵意见，使之不断完善。

目　　录

第一章　无人机巡检基础知识 001

项目一　无人机巡检系统概述 003

项目二　输电线路运维要求 021

项目三　电力安全工作规程 039

项目四　输电线路缺陷 056

项目五　无人机管理规定 065

第二章　初级工技能培训 077

项目一　温湿度计、风速仪以及电池电压检测仪的使用 079

项目二　多旋翼无人机起降 092

项目三　多旋翼360°原地自旋 099

项目四　架空输电线路金具识别 104

第三章　中级工技能培训 111

项目一　充电设备、卫星导航定位设备及点温枪的使用 113

项目二　多旋翼无人机画圈飞行 119

项目三　可见光设备操作 123

项目四　耐张塔巡检 132

项目五　可见光设备维保与数据处理 143

项目六　缺陷识别 148

第四章　高级工技能培训 …… 157

- 项目一　油位计、测高仪及红外成像设备的使用 …… 159
- 项目二　小型多旋翼无人机"8"字飞行 …… 164
- 项目三　无人机设备保养 …… 169
- 项目四　任务设备保养 …… 176
- 项目五　无人机特殊巡视 …… 180
- 项目六　通道巡视 …… 185
- 项目七　任务制定、地面站操作及应急处置 …… 192
- 项目八　缺陷查找 …… 202

第五章　技师技能培训 …… 217

- 项目一　保障设备使用 …… 219
- 项目二　任务设备操作与维护 …… 224
- 项目三　巡检任务制定 …… 236
- 项目四　无人机应急处置 …… 242
- 项目五　巡检数据处理 …… 248
- 项目六　缺陷隐患分析 …… 257

第六章　高级技师技能培训 …… 269

- 项目一　无人机系统调试 …… 271
- 项目二　巡检任务定制 …… 282
- 项目三　精细化巡检 …… 287

第七章　相关技能培训 …… 299

- 项目一　班组管理 …… 301
- 项目二　技艺传授 …… 319

第一章　无人机巡检基础知识

项目一　无人机巡检系统概述

一、培训目标

学员通过本项目的学习，能够熟悉多旋翼无人机系统的组成、分类、使用场景等知识；无人机空气动力学基础；识记空气动力学中的阻力和升阻比、伯努利定理等知识。

二、教学内容

（一）术语定义

1.无人机

无人机是指由控制站管理（包括远程操纵或自主飞行）的航空器，也称为远程驾驶航空器。

翼龙无人机 　　　　植保无人机 　　　　无人机机群灯光秀

2.无人机系统

无人机系统也称为远程驾驶航空器系统，是指由无人机、相关的控制站、所需的指令与控制数据链路，以及批准的型号设计规定的任何其他部件组成的系统。

3.视距内运行

视距内运行是无人机驾驶员或无人机观测员与无人机保持直接目视视觉接触的操作方式，是指航空器处于驾驶员或观测员目视视距内半径500m，相对高度低于120m的区域。

4.超视距运行

超视距运行是指无人机在目视视距以外的运行。

5.融合空域

融合空域是指有其他航空器同时运行的空域。

6.隔离空域

隔离空域是指专门分配给无人机系统运行的空域，通过限制其他航空器的进入以规避碰撞风险。

7.人口稠密区

人口稠密区是指城镇、村庄、繁忙道路或大型露天集会场所等区域。

8.重点地区

重点地区是指军事重地、核电站和行政中心等关乎国家安全的区域及周边，或地方政府临时划设的区域。

9.机场净空区

机场净空区也称为机场净空保护区域，是指为保护航空器起飞、飞行和降落安全，根据民用机场净空障碍物限制图要求划定的空间范围。

10.空机重量

空机重量是指不包含载荷和燃料的无人机重量，该重量包含燃料容器和电池等固体装置。

11.无人机适航区

无人机适航区主要是指空中管制区以外的真高500m以下适合开展无人机飞行的空域区，一般以线路区段为中心建立。适航区主要包括：

①民用机场顺跑道方向半径30km、垂直跑道半径20km以外的区域。

②军用机场半径30km以外的区域。

③城市周边人员密集活动区域以外的区域。

④重要政治场所、军事设施、社会活动场所以外的区域。

⑤周边3km范围内不存在无线电干扰或者通信阻隔设备的区域。

⑥区域内无影响无人机作业的特殊气象或地形条件的区域。

（二）无人机的分类：

1.按飞行平台构型分类

固定翼无人机 　　多旋翼无人机 　　无人直升机 　　固定翼+多旋翼复合翼无人机

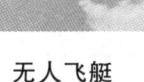

无人飞艇 　　伞翼无人机 　　扑翼无人机

2.按重量分类

无人机分为Ⅰ类、Ⅱ类、Ⅲ类、Ⅳ类、Ⅴ类、Ⅵ类、Ⅶ类无人机。（参见《轻小无人机运行规定（试行）》AC-91-FS-2015-31）

分类	空机重量（kg）	起飞全重（kg）
Ⅰ	0＜W≤1.5	
Ⅱ	1.5＜W≤4	1.5＜W≤7
Ⅲ	4＜W≤15	7＜W≤25
Ⅳ	15＜W≤116	25＜W≤150

续表

分类	空机重量（kg）	起飞全重（kg）
V	植保类无人机	
VI	无人飞艇	
VII	可100米之外超视距运行的Ⅰ类、Ⅱ类无人机	

注1：实际运行中，Ⅰ类、Ⅱ类、Ⅲ类、Ⅳ类分类有交叉时，按照较高要求的一类划分。

注2：对于串并列运行或者编队运行的无人机，按照总重量分类。

注3：当地政府（例如当地公安部门）对于Ⅰ类、Ⅱ类无人机重量界限低于本表规定的，以地方政府的具体要求为准。

3.按活动半径分类

无人机分为超近程、近程、短程、中程、远程无人机。

分类	活动半径（km）
超近程无人机	$W \leqslant 15$
近程无人机	$15 < W \leqslant 50$
短程无人机	$50 < W \leqslant 200$
中程无人机	$200 < W \leqslant 800$
远程无人机	$800 < W$

4.按任务高度分类

无人机分为超高空、高空、中空、低空、超低空无人机。

分类	活动半径（km）
超高空无人机	$18\,000 < W$
高空无人机	$7\,000 < W \leqslant 18\,000$
中控无人机	$1\,000 < W \leqslant 7\,000$

续表

分类	活动半径（km）
低空无人机	100＜W≤1000
超低空无人机	0＜W≤100

（三）多旋翼无人机飞行原理

1.伯努利定律

在一个流体系统中，如气流、水流，流速越快，流体产生的压力就越小，这就是"流体力学之父"丹尼尔·伯努利于1738年发现的"伯努利定律"。

这个压力产生的力量是巨大的，空气能够托起沉重的飞机，就是利用了伯努利定律。飞机机翼的上表面是流畅的曲面，下表面则是平面。这样，机翼上表面的气流速度就大于下表面的气流速度，机翼下方气流产生的压力就大于上方气流的压力，飞机就被巨大的压力差"托浮"住了。

$$\frac{1}{2}\rho v^2 + \rho gh + p = \text{const.}$$

v=流动速度

g=地心加速度（地球）伯努利定律

h=流体处于的高度（从某参考点计）

p=流体所受的压强

ρ=流体的密度

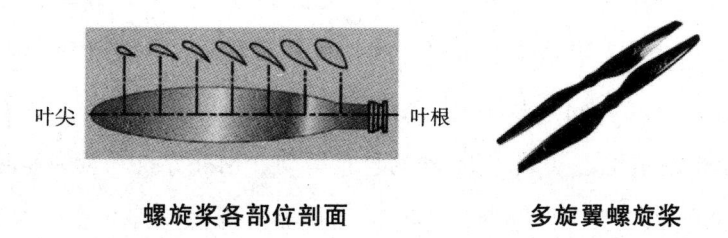

螺旋桨各部位剖面

多旋翼螺旋桨

2.飞行原理

多旋翼飞行器通过调节多个电机转速改变螺旋桨转速，实现升力的变化，进而达到控制飞行姿态的目的。

以四旋翼飞行器为例，飞行原理如下图所示，电机1（M1）和电机3（M3）逆时针旋转的同时，电机2（M2）和电机4（M4）顺时针旋转，因此，当飞行器平衡飞行时，陀螺效应和空动力扭矩效应全被抵消。与传统的直升机相比，四旋翼飞行器的优势是各个翼对机身所产生的反扭矩与旋翼的旋转方向相反。因此，当电机1和电机3逆时针旋转时，电机2和电机4顺时针旋转，可以平衡旋翼对机身的反扭矩。

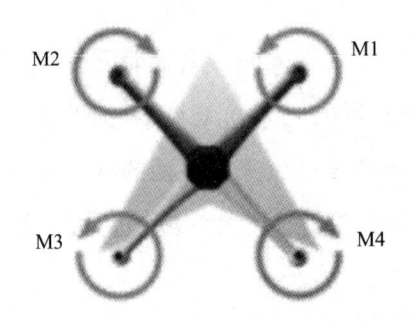

四旋翼飞行器飞行原理图

一般情况下，多旋翼飞行器可以通过调节不同电机的转速来实现4个方向的运动，4个方向分别为垂直、俯仰、滚转和偏航。

（1）垂直运动（升降控制）

在多旋翼飞行器垂直运动方向示意图中，两对电机转向相反，可以平衡其对机身的反扭矩，当同时增加4个电机的输出功率，旋翼转速增加使得总的拉力增大，当总拉力足以克服整机的重量时，四旋翼飞行器便离地垂直上升；反之，同时减小4个电机的输出功率，四旋翼飞行器则垂直下降，直至平衡落地，实现了沿z轴的垂直运动。当外界扰动量为零时，在旋翼产生的升力等于飞行器的自重时，飞行器便保持悬停状态。保证4个旋翼转速同步增加或减小是垂直运动的关键。

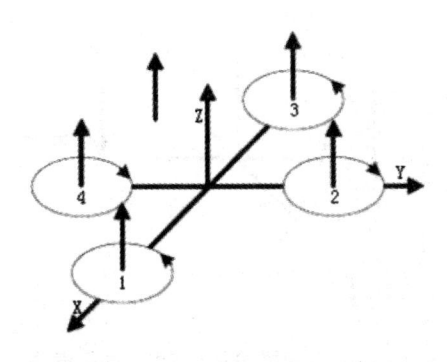

多旋翼飞行器垂直运动方向示意图

（2）俯仰运动（前后控制）

在多旋翼飞行器俯仰运动方向示意图中，电机1的转速上升，电机3的转速下降，电机2、电机4的转速保持不变。以下图为例旋翼转速的改变引起四旋翼飞行器整体扭矩及总拉力改变，旋翼1与旋翼3转速变量大小应相等，由于旋翼1的升力上升，旋翼3的升力下降，产生的不平衡力矩使机身绕y轴（方向如图所示），同理，当电机1的转速下降，电机3的转速上升，机身便绕y轴向另一方向旋转，实现飞行器的俯仰运动。

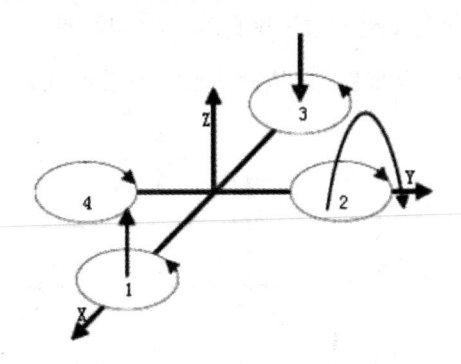

多旋翼飞行器俯仰运动方向示意图

（3）滚转运动（左右控制）

与多旋翼飞行器俯仰运动方向示意图的原理相同，在多旋翼飞行器滚转运动方向示意图中，改变电机2和电机4的转速，保持电机1和电机3的转速不变，便可以使机身绕x轴方向旋转，从而实现飞行器的横滚运动。

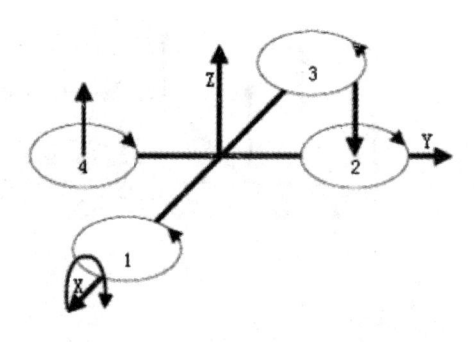

多旋翼飞行器滚转运动方向示意图

（4）偏航运动（旋转控制）

四旋翼飞行器偏航运动可以借助旋翼产生的扭矩来实现，旋翼在转动过程中由于空气阻力作用会形成与转动方向相反的反扭矩。为了克服扭矩的影响，可使4个旋翼中的两个正转、两个反转，且对角线上的各个旋翼转动方向相同。反扭矩的大小与旋翼转速有关，当4个电机转速相同时，4个旋翼产生的反扭矩相互平衡，四旋翼飞行器不发生转动。在多旋翼飞行器偏航运动方向示意图中，当电机1和电机3的转速上升，电机2和电机4的转速下降时，旋翼1和旋翼3对机身的反扭矩大于旋翼2和旋翼4对机身的反扭矩，机身便在富余反扭矩的作用下绕z轴转动，从而实现飞行器的偏航运动。

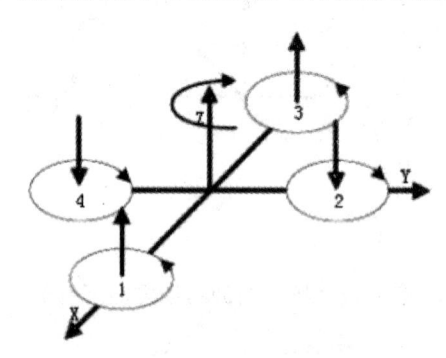

多旋翼飞行器偏航运动方向示意图

（四）影响无人机运行的气象环境

气象环境影响着无人机的飞行形态，雷、雨、雪天气易使无人机电路短路；雾、霾天气能见度低，大雾能使无人机的镜头产生水雾；低温影响电池活性,使无人机续航时间缩短。此外,对无人机影响较大的气象还有峡谷风、热力环流、湍流、低空风切变等。

1. 峡谷风

峡谷风是因经过山区而形成的地方性风。当空气由开阔地区进入山地峡谷口时,气流的横截面积减小,由于空气质量不可能在这里堆积,气流加速前进(流体的连续性原理),从而形成强风。无人机一旦遭遇峡谷风会突然加速、减速或者偏航,甚至可能造成撞机。

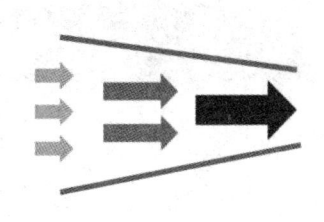

峡谷风示意图

2. 热力环流

热力环流是由于地面冷热不均而形成的空气环流。无人机一旦遭遇热力环流会突然升高或降低,影响无人机的稳定操控。

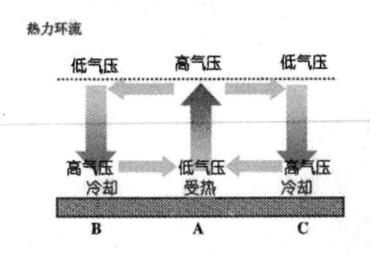

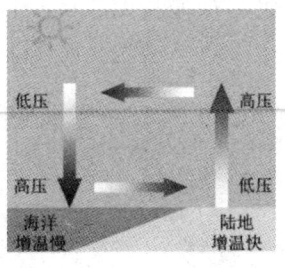

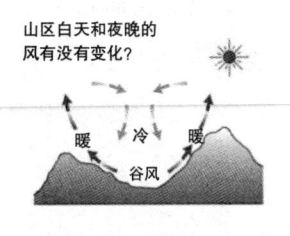

热力环流示意图

3. 湍流

湍流是流体的一种流动状态。当流速很小时,流体分层流动,互不混合,称为层流,也称为片流。当流速逐渐增加时,流体的流线开始出现波浪状的摆动,摆动的频率和振幅随流速的增加而增加,此种流况称为过渡流。当流速增加到很大时,流线不再清晰可辨,流场中有许多小漩涡,层流被破坏，相邻流层间不但有滑动还有混合。这时的流体作不规则运动，由垂直于流管轴线方向的分速度产生，这种运动称为湍流，又称为乱流、扰流或紊流。无人机一旦遭遇湍流会产生颠簸，降低无人机的稳定性和操控性，甚至可能造成坠机。

湍流示意图

4.低空风切变

低空风切变是指出现在600m以下的风矢量（风向、风速）在空中水平和（或）垂直距离上的变化形象。风切变会导致垂直运动的风速突然加速，产生特别强的下降气流，称为微下冲气流。这种猛烈的下冲气流持续时间很短，时速则高达200km以上。它先是由空中垂直下冲逼近地面，然后呈辐射状向水平方向散布开来。无人机一旦遭其袭击，便只能任其摆布而无法保持机体平衡。

低空风切变示意图

（五）无人机巡检

无人机巡检系统是一种用于对架空输电线路进行巡检作业的装备，由无人机（包括旋翼带尾桨、共轴反桨、多旋翼和固定翼等型式）分系统、任务载荷分系统和综合保障分系统组成。

无人机巡检作业系统利用无人机巡检系统对架空输电线路本体和附属设施的运行状态、通道走廊环境等进行检查和检测的工作。根据所用无人机巡检系统的不同，无人机巡检作业分为中型无人直升机巡检作业、小型无人直升机巡检作业和固定翼无人机巡检作业。

1. 多旋翼无人机巡检作业分类

多旋翼无人机巡检作业一般分为常规巡检、故障巡检和特殊巡检。

（1）常规巡检

常规巡检主要对输电线路导线、地线，以及杆塔上部的塔材、金具、绝缘子、附属设施、线路走廊等进行精细化的检查，如导线断股、间隔棒变形、绝缘子串爆裂等。在巡检时根据实际线路运行情况和检查要求，选择搭载相应的检测设备进行可见光巡检、红外巡检项目。在巡检实施过程中，根据架空输电线路的情况和天气情况选择单独进行，或者红外与可见光巡检两个项目的组合进行。

可见光巡检的主要内容为：导线、地线（光缆）、绝缘子、金具、杆塔、基础、附属设施、通道走廊等外部可见异常情况和缺陷。

红外巡检的主要内容为：导线接续管、耐张管、跳线线夹、绝缘子等相关发热异常情况。具体巡检内容见下表：

设备	可见光检测	红外光检测
导线	断线、断股、异物悬挂	发热点
线夹	松脱	接触点发热
引流线	断线、断股、异物悬挂	发热点
绝缘子	闪络迹象、破损、污秽、异物悬挂等	击穿发热
铁塔	鸟窝、损坏、变形、紧固金具松脱、塔材缺失	\

续表

设备	可见光检测	红外光检测
耐张压接管、导线接续管及其他连接点	\	发热
防震锤	位移、缺失、损坏	\
附属设施（在线监测、防鸟设施等）及其他	缺失	\
线路通道情况	植被生长情况、违章建筑、地质灾害等	\

（2）故障巡检

线路出现故障后，根据检测到的故障信息，确定架空输电线路的重点巡检区段和部位，查找故障点，通过获取具体部位的图像信息进一步分析查看线路是否存在其他异常情况。

根据故障测距情况，无人机故障巡检检测测距杆段内设备情况。如未发现故障，再行扩大巡检范围。

（3）特殊巡检

①鸟害巡检：线路周围没有较高的树木，鸟类喜欢将巢穴设在杆塔上。根据鸟类筑巢习性，在筑巢期后进行针对鸟巢类特殊情况的巡检，获取可能存在鸟巢地段的杆塔安全运行状况。

②树木（竹林）巡检：4~6月为树木、毛竹等植物生长旺盛的季节，植物生长速度快，存在威胁输电线路安全的可能性。在这期间，应加强线路树竹林区段巡检，及时发现超高树木和毛竹，记录下具体的杆塔位置信息，反馈给相关部门进行后期的树木砍伐处理。

③防山火巡检：根据森林火险等级，加强特殊区段防山火巡检，发现在山火隐患应及时反馈消防部门处理。

④外破巡检：在山区、平原地区，经常存在开山炸石、挖方取土区的情况，可能出现损杆塔地基、破坏地线等情况，严重影响到输电线路的安全运行，对此要进行防外破特巡。

⑤线路建模：利用激光雷达、可见光相机等设备，对线路本体和通道进行三维激光扫描或航空影像三维建模的巡检作业类型。

（4）灾后巡检

①线路途经区段发生灾害后，在现场条件允许使用机载检测设备对受灾线路进行全程录像时，搜集输电设备受损和环境变化信息。

②巡检作业前，作业人员应注意观察和判断灾后天气变化趋势，与气象部门联系，获取有关气象资料，判断飞行条件是否满足。

2.固定翼无人机巡检作业分类

固定翼无人机巡检作业一般分为常规巡检和特殊巡检。

（1）常规巡检

常规巡检是指无人机主要对线路通道、周边环境、施工作业、沿线交叉跨越等情况进行巡检，及时发现和掌握线路通道环境的动态变化情况，重点监督线路通道内有无机械施工、新植树木，兼顾对线路本体、辅助设施进行宏观监督。具体巡检内容见下表：

序号	巡检对象	巡检项目
1	线路通道	线路通道内违章建筑物、构筑物、高大树木、线下施工、外力破坏等情况
2	线路设备	导线、地线断裂 防震锤、间隔棒位移或脱落等缺陷 复合绝缘子伞裙撕裂、断裂等严重缺陷，玻璃绝缘子自爆等 杆塔结构变形、倾斜、倾覆检测 接地基础、护坡等设施状态检测 其他明显的设备缺陷

（2）特殊巡检

特殊巡检是指无人机在自然灾害、危急缺陷等紧急情况发生后，为避免事故发生或减轻事故后果对该区段的线路进行巡检，检查设备运行状态和通道环境变化情况。灾情发生后，无人机应第一时间对设备开展巡检，及时了解交通不便、人力不易到达的地区人员和设备受损情况，为抢修提供依据。

3.无人机巡检作业流程

（1）空域的申报

无人机巡检涉及空域的使用，要在飞行前进行空域使用的申报。申报主要包括飞行空域的申报和飞行计划的申报两个方面。

① 申报飞行空域。申报飞行空域原则上与其他空域水平间隔不小于20km，垂直间隔不小于2km。一般需提前7日提交申请并提交下列文件：国籍标志和登记标志，驾驶员相应的资质证书，飞行器性能数据和三视图，可靠的通信保障方案，特殊情况处置预案。

② 申报飞行计划。无论是在融合空域还是在隔离空域实施飞行都要预先申请，经过相应部门批准后方能执行。飞行计划申报应于北京时间前一日15时前向所使用空域的管制单位提交飞行计划申请，飞行计划包括下列基本内容：飞行单位、任务，预计开始飞行与结束时间，驾驶员姓名与代号（呼号），无人机的型别与架数，起飞、降落地和备降地，飞行气象条件、巡航速度、飞行高度和飞行范围，其他特殊保障需求。

（2）巡检前的准备

①航线规划。根据架空输电线路运维需求和架空输电线路所处的地理位置、自然环境等情况，确定无人机巡检的输电线路区段和任务内容。设定航线时，要完成查勘现场，熟悉飞行场地，了解线路走向、特殊地形、地貌及气象情况等工作，确保飞行区域的安全。

收集被巡线路资料，包括杆塔明细表、杆塔经纬度坐标、杆塔高度等，下载线路途经区域地图，并绘制巡检飞行航线。

建立输电线路飞行巡检航线库，规划好的航线应在航线库中存档备份，并备注特殊区段信息（线路施工、工程建设及其他等易引起飞行条件不满足的区段），作为历史航线为后期巡检时的航线的设定提供参考信息。

为了保证巡检的安全顺利进行，要建立风险预控及安全保证机制：根据《架空输电线路无人机巡检作业安全工作规程》规定，无人机巡检作业应执行工作票制度，使用中型无人直升机和固定翼无人机的巡检作业应填写《架空输电线路无人机巡检作业工作票》，使用小型无人直升机的巡检作业应填写《架空输电线路无人机巡检作业工作单》。

② 作业申请。完成了航线规划及安全保证措施后，为了确保巡检任务的顺利完成，在巡检作业开始时要进行一系列的报批手续，包括：

第一，巡检作业前3个工作日，工作负责人应向线路途经区域的空管部门履行航线报批手续。

第二，巡检作业前3个工作日，工作负责人应向调度、安监部门履行报备手续。

第三，巡检作业前1个工作日，工作负责人应提前了解作业现场当天的气象情况，决定是否进行飞行巡检作业，并再次向当地空管部门申请放飞许可。

③ 巡检设备准备。根据作业任务内容做好设备准备工作，出库前对无人机、任务载荷、电池电量和数量、充电器等设备进行检查，确保设备外观和功能完好。

④ 人员准备。无人机操控作业人员是整个巡检任务顺利完成的重要保障，执行巡检任务对操控作业人员有明确的要求：

第一，作业人员应身体健康，无妨碍作业的生理和心理障碍。

第二，作业人员应进行无人机培训学习，参加该机型无人机理论和技能考试并合格。

第三，作业人员应具有2年及以上高压输电线路运行维护工作经验，熟悉航空、气象、地理等相关专业知识，掌握《架空输电线路运维管理规定》有关专业知识，并经过专业培训，无人机作业人员应取得国家相关管理部门认可的基础资质执照，并在有效期满前及时复证；具备相应的无人机作业专业技能水平，并符合相关安规要求。

（3）巡检作业

①作业申请。工作负责人向工作许可人申请开始做作业，获得许可后方可开始作业。

②现场环境检查。核实现场温度、风速是否满足作业要求，选择合适的无人机起降点，确认作业区域内有无微波塔等信号干扰源。

③巡检前检查。检查无人机系统各部件外观是否正常，遥控器、电池等电量是否充足，遥控器、云台等功能是否正常，应急参数是否正确设置，操控APP运行参数是否正常。

④巡检飞行。作业人员按照作业指导书及《国家电网公司架空输电线路无人机巡检影像拍摄指导手册》等要求进行规范化作业。

⑤巡后检查。按所用无人机巡检系统要求对降落后的无人机进行检查和维护工作，对外观及关键零部件进行检查；清点设备、工器具，确认现场无遗留物。

⑥资料整理归档。巡检数据按《国家电网公司架空输电线路无人机巡检影像拍摄指导手册》要求规范命名和存储，次日前完成数据的分析和整理，并将缺陷上报至相关专责，巡检影像需保存至少2年。

（4）巡检作业安全要求

在开展无人机巡检工作时，要将工作过程中的安全问题放在首位，在巡检作业时要严格地遵守巡检作业安全要求，确保巡检工作的安全有效的进行。

作业前应办理空域申请手续，空域审批后方可作业，并密切监控当地空域变化情况。

作业前应掌握巡检设备的型号和参数、杆塔坐标及高度、巡检线路周围地形地貌和周边交叉跨越情况。

作业前应检查无人机各部件是否正常，包括无人机本体、遥控器、云台相机、存储卡和电池电量等。

作业前应确认天气情况，雾、雪、大雨、冰雹、风力大于10m/s等恶劣天气不宜作业。

保证现场安全措施齐全，禁止行人和其他无关人员在无人机巡检现场逗留，时刻注意保持与无关人员的安全距离；避免将起降场地设在巡检线路下方、交通繁忙道路及人口密集区附近。

作业前应规划应急航线，包括航线转移策略、安全返航路径和应急迫降点等。

无人机巡检时应与架空输电线路保持足够的安全距离。

无人机应设置失控保护、自动返航等必要的安全策略。

无人机飞行应远离爆破、射击、打靶、飞行物、烟雾、火焰、无线电干扰等活动区域。

不得在人口稠密区、重点地区、机场净空区、高速公路、铁路等重要建筑和设施的上空穿越飞行。

巡检作业现场所有人员均应正确佩戴安全帽和穿戴个人防护用品，正确使用安全工器具和劳动防护用品。

工作前8h及工作过程中，操控手不应饮用任何酒精类饮品。工作时，工作班成员禁止使用手机。现场不得进行与作业无关的活动。

（5）异常处置

①无人机巡检作业应编制异常处置应急预案（或现场处置方案），并开展现场演练。

②在飞行巡检过程中，当发生危及飞行安全的异常情况时，应根据具体情况及时采取避让、返航或就近迫降等应急措施：

第一，当巡检作业区域出现其他飞行器或漂浮物时，应立即评估巡检作业安全性，在确保安全后方可继续执行巡检作业，否则应采取避让措施。

第二，当巡检作业区域出现雷雨、大风等突变天气或空域许可情况发生变化时，应采取措施控制无人机返航或就近降落。

第三，在无人机飞行过程中，当作业成员身体出现不适或巡检作业受外界严重干扰时，应迅速采取措施保证无人机安全。当情况紧急时，可立即控制无人机返航或就近降落。

第四，当无人机机体发生异常时，应按照预先设定的应急程序迅速处理，尽可能控制无人机在安全区域紧急降落，确保地面人员和线路设备安全。

第五，当无人机通信线路长时间中断且未按预定安全策略返航时，应及时做出故障判断并上报相关部门，同时根据掌握的最后地理坐标或机载追踪器发送的位置信息就地组织搜寻。

③当无人机因意外或失控撞向杆塔、导地线等造成线路设备损坏时，应立即启动应急预案，开展故障巡查，并将现场情况及时报告相关部门。

④当无人机发生坠机事故引发次生灾害时，应立即启动应急预案，就地组织事故抢险，对现场情况进行拍照取证，及时进行民事协调，做好舆情监控，并将现场情况及时报告相关部门。

⑤当无人机发生事故后，应及时分析事故原因，撰写事故分析报告。

项目二　输电线路运维要求

一、培训目标

架空输电线路中杆塔、导地线、绝缘子、金具、基础、接地以及通道的运行标准，重点掌握架空输电线路各部件关键部位的运行标准和要求。

二、实施方法

以小组为单位开展输电线路巡视。

①小组长组织班前会议，交代巡查实训场地架空线路的主要内容及安全注意事项。

②以小组为单位进行现场巡查，并在线路巡查登记表中填写相关内容。

③巡查线路工作完成后，小组长组织现场工作点评。

④小组成员正确填写巡视记录手册，并向指导教师汇报线路巡察情况。

三、相关内容

（一）输电线路基础知识

架空输电线路主要由杆塔、绝缘子、金具、架空地线（避雷线）、导线、基础等主要元件组成。

1.杆塔

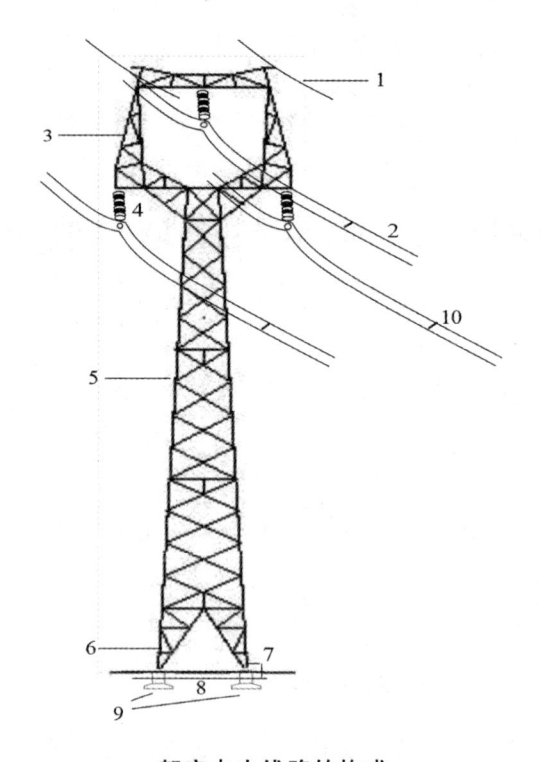

架空电力线路的构成

1.避雷线　2.双分裂导线　3.塔头　4.绝缘子　5.塔身
6.塔腿　7.接地引下线　8.接地装置　9.基础　10.间隔棒

杆塔的作用是支撑导线和避雷线，使其与大地、树木、建筑物，以及被跨越的电力线路、通信线路等保持足够的安全距离要求，并在各种气象条件下，保证电力线路能够安全可靠地运行。杆塔按其在架空线路中的用途可分为直线杆塔（悬垂杆塔）、耐张杆塔、跨越杆塔、耐张终端杆塔和换位杆塔等。

（1）直线杆塔（悬垂杆塔）

直线杆塔用在线路的直线段上，以承受导线、避雷线、绝缘子串、金具等重量以及它们之上的风力荷载，一般情况下不会承受不平衡张力和角度力。它的导线一般用线夹和绝缘子串挂在横担下。

（2）耐张杆塔

耐张杆塔主要承受导线或架空地线的水平张力，同时将线路分隔成若干耐张段，以便于线路的施工和检修，并可在事故情况下限制倒杆断线的范围。导线用耐张线夹和耐张绝缘子串固定在杆塔上，承受的荷载较大。

（3）跨越杆塔

跨越杆塔位于线路与河流、山谷、铁路等交叉跨越的地方。跨越杆塔也分为悬垂型和耐张型两种。当跨越档距很大时，就得采用特殊设计的耐张型跨越杆塔，其高度也较一般杆塔高得多。

（4）耐张终端杆塔

耐张终端杆塔位于线路的首端、末端，即变电所进线、出线的第一基杆塔。耐张终端杆塔是一种承受单侧张力的耐张杆塔。

（5）换位杆塔

换位杆塔用来进行导线换位。高压输电线路的换位杆塔分滚式换位用的悬垂型换位杆塔和耐张型换位杆塔两种。

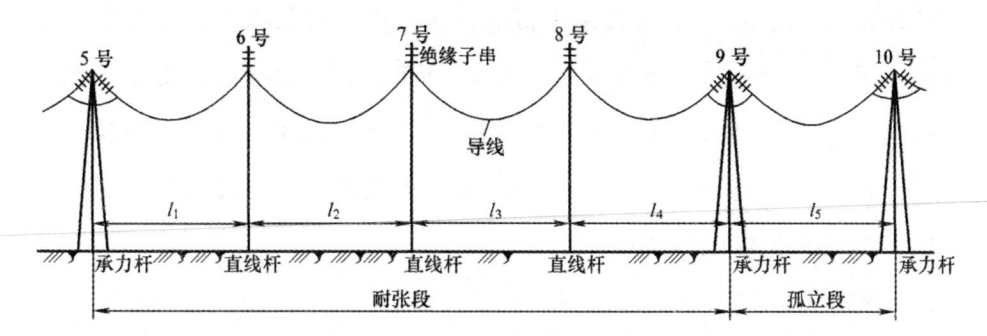

输电线路的耐张段和孤立段

此外，输电线路杆塔按杆塔外形分为猫头型、干字型、酒杯型等；按杆塔材料分为钢筋混凝土杆、角钢塔、钢管塔等。

2.导线与架空地线（避雷线）

导线用于传导电流、输送电能，是线路的重要组成部分。导线架设在杆塔上，要承受自重、风、冰、雨、温度变化等的作用，要求具有良好的电气性能和足够的机械强度。常用的导线材料有铜、铝、铝镁合金和钢。导线种类有很多种，目前应用最多的是钢芯铝绞线，其内部为钢绞线，能够承受机械受力，外部由多股铝线绞制而成，传输大部分电流。为了减小电晕以降低损耗和对无线电等的干扰，以及为了减小电抗以提高线路的输送能力，输电线路多采用分裂导线。

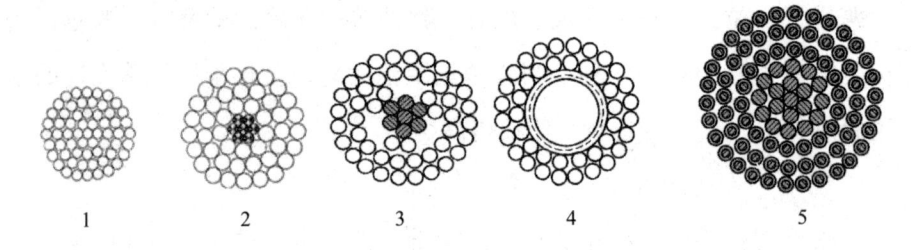

1.单一金属绞线　2.芯铝绞线　3.扩径钢芯铝绞线

4.空心导线（腔中为蛇形管）　5.钢芯铝包钢绞线

输电线路导线类型

架空地线又称为避雷线。由于避雷线对导线的屏蔽，以及导线、避雷线间的耦合作用，从而可以减少雷电直接击于导线的机会。当雷击杆塔时，雷电流可以通过避雷线分流一部分，从而降低塔顶电位，提高杆塔的耐雷水平。架空地线常采用镀锌钢绞线。近年来，光纤复合架空地线（简称OPGW地线）获得了广泛应用，既能起到避雷线的防雷保护和屏蔽作用，又能起到抗电磁干扰的作用。

3.绝缘子

绝缘子是用于支持和悬挂导线，并使导线和杆塔等接地部分形成电气绝缘的组件。架空电力线路的导线，是利用绝缘子和金具连接固定在杆塔上的，用于导线与杆塔绝缘的绝缘子，在运行中，不但要承受工作电压的作用，还要承受过电压的作用，同时还要承受机械力的作用及气温变化和周围环境的影响，所以，绝缘子必须有良好的绝缘性能和一定的机械强度。

通常，绝缘子的表面被做成波纹状。这是因为：一是可以增加绝缘子的泄漏距离（又称为爬电距离），同时，每个波纹又能起到阻断电弧的作用；二是下雨时，绝缘子上的污水不会直接从绝缘子上部流到下部，避免形成污水柱造成短路事故，起到阻断污水水流的作用；三是由于绝缘子波纹的凹凸不平，空气中的污秽物质不能均匀地附在绝缘子上，在一定程度上提高了绝缘子的抗污能力。绝缘子按介质材料分为瓷绝缘子、玻璃绝缘子和复合绝缘子三种。

（a）瓷绝缘子　（b）玻璃绝缘子　（c）复合绝缘子

输电线路绝缘子类型

（1）瓷绝缘子

瓷绝缘子使用历史悠久，介质的机械性能、电气性能良好，产品种类齐全，使用范围广。在污秽潮湿条件下，瓷质绝缘子在工频电压作用时绝缘性能急剧下降，常产生局部电弧，严重时会发生闪络；绝缘子串或单个绝缘子的分布电压不均匀，在电场集中的部位常发生电晕，并容易导致瓷体老化。

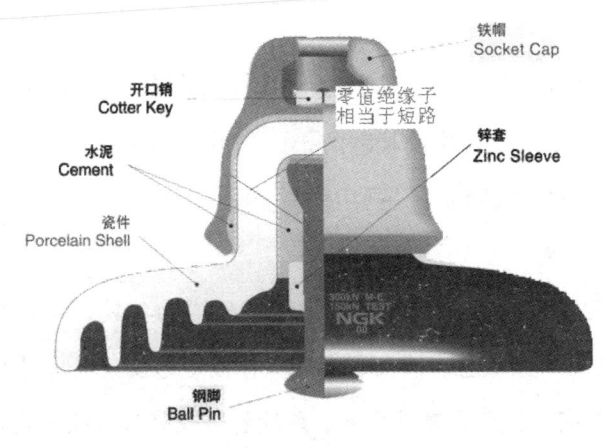

绝缘子结构剖析图

（2）玻璃绝缘子

玻璃绝缘子成串电压分布均匀，具有较大的主电容，耐电弧性能好，老化过程缓慢，自洁能力和耐污性能好，积污容易清扫。由于钢化玻璃的机械强度是陶瓷的2～3倍，因此，玻璃绝缘子的机械强度较高。另外，由于玻璃的透明性，当进行外形检查时容易发现细小裂纹和内部损伤等缺陷。玻璃钢绝缘子在零值或低值时会发生自爆，无需进行人工检测，但自爆后的残锤必须尽快更换，避免因残锤内部玻璃受潮而烧熔，发生断串掉线事故。

（3）复合绝缘子

复合绝缘子质量轻、体积小，方便安装、更换和运输。复合绝缘子由伞套、芯棒组成，并带有金属附件，其中，伞套由以硅橡胶为基体的高分子聚合物制成，具有良好的憎水性，抗污能力强，用来提供必要的爬电距离，并保护芯棒不受气候影响；芯棒通常由玻璃纤维浸渍树脂后制成，具有很高的抗拉强度和良好的减振性、抗蠕变性和抗疲劳断裂性；根据需要，复合绝缘子的一端或者两端可以制装均压环。复合绝缘子属于棒性结构，内外极间距离几乎相等，一般不发生内部绝缘击穿，也不需要零值检测。但复合绝缘子抗弯、抗扭性能差，当承受较大的横向应力时，容易发生脆断；伞盘强度低，不允许踩踏、碰撞。

绝缘子按结构分为盘形和棒形等，按造型分为普通型、防污型等。

4.金具

在架空输电线路中，电力金具是连接和组合电力系统中各种装置，起到传递机械负荷、电气负荷及某种防护作用的金属附件。

常用的架空输电线路金具主要有：

（1）悬垂线夹

悬垂线夹是指将导线悬挂至悬垂串组或杆塔的金具，主要有：U形螺丝式悬垂线夹、带U形挂板悬垂线夹、带碗头挂板悬垂线夹、防晕型悬垂线夹、钢板冲压悬垂线夹、铝合金悬垂线夹、跳线悬垂线夹、预绞式悬垂线夹等。

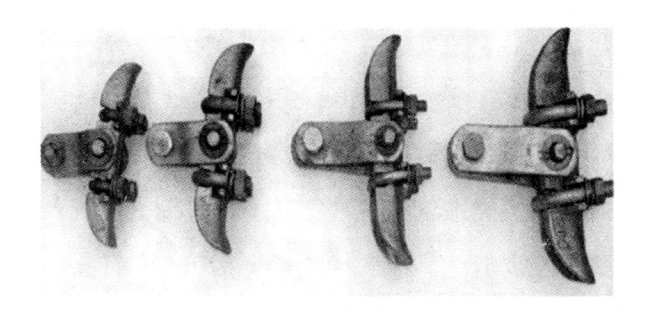

悬垂线夹

（2）耐张线夹

耐张线夹是指用于固定导线，以承受导线张力，并将导线挂至耐张串组或杆塔上的金具，主要有：铸铁螺栓型耐张线夹、冲压式螺栓型耐张线夹、铝合金螺栓型耐张线夹、楔形耐张线夹、楔型UT形耐张线夹、压缩型耐张线夹、预绞式耐张线夹等。

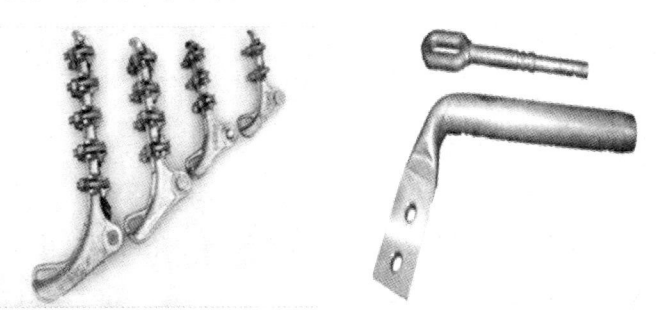

耐张线夹

（3）连接金具

连接金具是指用于将绝缘子、悬垂线夹、耐张线夹及保护金具等连接组合成悬垂或耐张串组的金具，主要有：球头挂环、球头连棍、碗头挂板、U形挂环、直角挂环、延长环、U形螺丝、延长拉环、平行挂板、直角挂板、U形挂板、十字挂板、牵引板、调整板、牵引调整板、悬垂挂轴、挂点金具、耐张联板支撑架、联板等。

（4）接续金具

接续金具是指用于两根导线之间的接续，并能满足导线所具有的机械及电气性能要求的金具,主要有:螺栓型接续金具、钳压型接续金具、爆压型接续金具、液压型接续金具、预绞式接续金具等。

(5)保护金具

保护金具用于对各类电气装置或金具本身,起到电气性能或机械性能保护作用的金具,主要有:预绞式护线条、铝包带、防振锤、间隔棒、悬重锤、均压环、屏蔽环、均压屏蔽环等。

5.杆塔基础

杆塔基础是指架空电力线路杆塔地面以下部分的设施。其作用是保证杆塔稳定,防止杆塔因承受导线、冰、风、断线张力等的垂直荷重、水平荷重及其他外力作用而产生上拔、下压或倾覆。杆塔基础一般分为混凝土电杆基础和铁塔基础。

(1)混凝土电杆基础

一般采用底盘、卡盘、拉盘(俗称三盘)基础,通常是事先预制好的钢筋混凝土盘,使用时运到施工现场组装,较为方便。

(2)铁塔基础

一般根据铁塔类型、塔位地形、地质和施工条件等实际情况确定。一般采用的基础类型主要有:现浇混凝土铁塔基础、装配式铁塔基础、联合基础、掏挖式基础、岩石基础、桩基础等。

此外,输电线路还有一些附属设施,主要包括防雷装置、防鸟装置、各种监测装置、标识(杆号、警告、防护、指示、相位等)、航空警示器材、防舞、防冰装置等。

(二)输电线路运维要求

《架空输电线路运行规程》(DL741)中明确指出,线路的运行工作应贯彻安全第一、预防为主的方针,要严格执行电力安全工作规程的有关规定。运行维护单位要全面做好线路的巡视、检测、维修和管理工作,积极采用先进技术和实行科学管理，不断总结经验、积累资料、掌握规律，保证线路安全运行。

1.基础、杆塔的运行要求

①基础表面水泥不应脱落，钢筋不应外露，装配式、插入式基础不应出现锈蚀，基础周围保护土层不应流失，基础边坡保护距离应满足DL/T5092—1999《110～500kv架空送电线路设计技术规程》的要求。

②杆塔的倾斜、杆（塔）顶挠度、横担的歪斜程度不应超过下表的规定。

杆塔倾斜、杆（塔）顶挠度、横担歪斜的最大允许值

类别	钢筋混凝土电杆	钢管杆	角钢塔	钢管塔
直线杆塔倾斜度（包括挠度）	1.5%	0.5%（倾斜度）	0.5%（50m及以上高度铁塔） 1.0%（50m以下高度铁塔）	0.5%
直线转角杆最大挠度		0.7%		
转角和终端杆66kV及以下最大挠度		1.5%		
转角和终端杆110kV～220kV最大挠度		2%		
杆塔横担歪斜度	1.0%		1.0%	0.5%

③铁塔主材相邻结点间弯曲度不应超过0.2%。

④钢筋混凝土杆保护层不应腐蚀脱落、钢筋外露，普通钢筋混凝土杆不应有纵向裂纹和横向裂纹，缝隙宽度不应超过0.2 mm，预应力钢筋混凝土杆不应有裂纹。

⑤拉线棒锈蚀后直径减少值不应超过2mm。

⑥拉线基础理层的厚度和宽度不应减少。

⑦拉线镀锌钢绞线不应断股，镀锌层不应锈蚀、脱落。

⑧拉线张力应均匀,不应严重松弛。

2.导线和架空地线的运行要求

①导线、地线不应存在磨损、断股、破股、严重锈蚀、放电损伤外层铝股、松动等,导线、地线由于断股、损伤造成强度损失或减少截面的处理标准见下表的规定。

导线、地线断股、损伤造成强度损失或减少截面的处理

线别	处理方式			
	金属单丝、预绞式补修条补修	预绞式护线条、普通补修管补修	加长型补修管、预绞式接续条	接续管、预绞丝接续条、接续管补强接续条
钢芯铝绞线 钢芯铝合金绞线	导线在同一处损伤导致强度损失未超过总拉断力的5%且截面积损伤未超过总导电部分截面积的7%	导线在同一处损伤导致强度损失在总拉断力的5%~17%,且截面积损伤在总导电部分截面积的7%~25%	导线损伤范围导致强度损失在总拉断力的17%~50%,且截面积损伤在总导电部分截面积的25%~60%断股损伤截面超过总面积25%切断重接	导线损伤范围导致强度损失在总拉断力的50%以上,且截面积损伤在总导电部分截面积的60%及以上
铝绞线 铝合金绞线	断损伤截面积不超过总面积的7%	断股损伤截面积占总面积的7%~25%断股损伤截面积占总面积的7%~17%	断股损伤截面占积总面积的25%~60%;断股损伤截面积超过总面积的17%切断重接	断股损伤截面积超过总面积的60%及以上
镀锌钢绞线	19股断1股	7股断1股;19股断2股	7股断2股;19股断3股切断重接	7股断2股以上;19股断3股以上
OPGW	断损伤截面积不超过总面积的7%(光纤单元未损伤)	断股损伤截面占面积的7%~17%,光纤单元未损伤(修补管不适用)		
注1:钢芯铝绞线导线应未伤及钢芯,计算强度损失或总截面损伤时,按铝股的总拉断力和铝总截面积作基数进行计算。 注2:铝绞线、铝合金绞线导线计算损伤截面时,按导线的总截面积作基数进行计算。 注3:良导体架空地线按钢芯铝绞线计算强度损失和铝截面损失。				

②导线、地线表面腐蚀、外层脱落或呈疲劳状态，强度试验值不应小于原破坏值的80%。

③导线、地线弧垂不应超过设计允许偏差，110kV及以下线路为+6.0%、−2.5%，220kV及以上线路为+3.0%、−2.5%。

④导线相间相对弧垂值不应超过：110kV及以下线路为200mm，220kV及以上线路为300mm。

⑤相分裂导线同相子导线相对弧垂值不应超过以下值：垂直排列双分裂导线100mm，其他排列形式分裂导线 220kV为80mm，330kV及以上线路50mm。

⑥OPGW接地引线不应松动或对地放电。

⑦导线对地线距离和交叉距离应符合相关要求。

3.运行中的绝缘子的要求

①瓷质绝缘子伞裙不应破损，瓷质不应有裂纹，瓷釉不应烧坏。

②玻璃绝缘子不应自爆或表面有裂纹。

③棒形和盘形复合绝缘子伞裙、护套不应出现破损或龟裂，端头密封不应开裂、老化。

④钢帽、绝缘件、钢脚应在同一轴线上，钢脚、钢帽、浇装水泥不应有裂纹、歪斜、变形或严重锈蚀，钢脚与钢帽槽口间隙不应超标。

⑤盘形绝缘子绝缘电阻330kV及以下线路不应小于300MΩ，500kV及以上线路不应小于500MΩ。

⑥盘形绝缘子分布电压不应为零或低值。

⑦锁紧销不应脱落变形。

⑧绝缘横担不应有严重结垢、裂纹，不应出现瓷轴烧坏、瓷质损坏、伞裙破损。

⑨直线杆塔绝缘子串顺线路方向偏斜角（除设计要求的预偏外）不应大于7.5°，或偏移值不应大于300mm，绝缘横担端部偏移不应大于

100mm。

⑩地线绝缘子、地线间隙不应出现非雷击放电或烧伤。

4.运行中金具的要求

①金具本体不应出现变形、锈蚀、烧伤、裂纹，连接处转动应灵活，强度不应低于原值的80%。

②防振锤、阻尼线、间隔棒等金具不应发生位移、变形、疲劳。

③屏蔽环、均压环不应出现松动、变形，均压环不得装反。

④OPGW余缆固定金具不应脱落，接续盒不应松动、漏水。

⑤OPGW预绞线夹不应出现疲劳断脱或滑移。

⑥接续金具不应出现下列任一情况：

第一，外观鼓包、裂纹、烧伤、滑移或出口处断股，弯曲度不符合有关规程要求。

第二，温度高于导线温度10℃，跳线联板温度高于相邻导线温度10℃。

第三，过热变色或连接螺栓松动。

第四，金具内严重烧伤、断股或压接不实（有抽头或位移）。

第五，并沟线夹、跳线引流板螺栓扭矩值未达到相应规格螺栓拧紧力矩。

螺栓型金具钢质热镀锌螺栓拧紧力矩值

螺栓直径（mm）	8	10	12	14	16	18	20
拧紧扭矩（N.m）	9~10	18~23	32~40	50	80~100	115~140	150

5.接地装置的要求

①检测到的工频接地电阻（已按季节系数换算）不应大于设计规定值（见下表）。

②多根接地引下线接地电阻值不应出现明显差别。

③接地引下线不应断开或与接地体接触不良。

④接地装置不应出现外露或腐蚀严重，被腐蚀后其导体截面不应低于原值的80%。

水平接地体的季节系数

接地射线埋深（m）	季节系数	接地射线埋深	季节系数
0.5	1.4～1.8	0.8～1.0	1.25～1.45
注：检测接地装置工频接地电阻时，当土壤较干燥时，季节系数取较小值；当土壤较潮湿时，季节系数取较大值。			

四、作业前准备

（一）人员分配及登记

①3～4人一组，选出小组长。

②小组长组织小组成员结合线路运检岗位工作要求，学习架空线路运行规程及相关线路设计规程，小组长负责记录小组学习情况。

③学习小组设计线路巡查登记表。

（二）场地

①满足巡视要求的送电线路综合实训场或实际运行线路。

②线路巡视工作应在良好的天气下进行，遇有雷雨、雷云天气，应停止检测，并撤离现场。

五、危险点分析及安全控制措施

输电线路巡视危险点

√	序号	内容
	1	穿越线路沿线跨越的公路、高速公路、铁路车辆对巡视人员可能造成的危害
	2	穿越线路沿线跨越的高压线路或低压线路运行不良，如导线落地对巡视人员可能造成的危害

续表

√	序号	内容
	3	穿越线路沿线村庄时犬类、沿线蜂、蛇对巡视人员可能造成的危害
	4	雷雨、雪、大雾、酷暑、大风等天气对巡视人员可能造成的危害
	5	巡视通道内枯井、沟坎、鱼塘等，可能给巡视人员安全健康造成的危害
	6	巡视人员的身体状况不适、思想波动、不安全行为、技术水平能力不足等可能带来的危害
	7	与沿线村民关系处理不当可能对巡视人员造成的危害

输电线路巡视安全控制措施

√	序号	内容
	1	穿越公路、铁路时，做到一站、二看、三通过，禁止横穿高速公路
	2	巡视人员在巡视时必须集中精力，密切注意沿线跨越的高压线路、低压线路运行情况
	3	巡视人员在巡视时应注意人身安全，防止跌入阴井、沟坎和被犬类等动物攻击
	4	遇到雷雨时，巡视人员应远离线路或暂停巡视，以保证人身安全
	5	遇到雪天时，巡视人员应穿防滑鞋，手持巡视手杖
	6	在大雾天气情况下巡视时，分组时必须保证两人以上，携带巡视手杖
	7	在酷暑天气巡视时，巡视人员必须携带巡视水壶、防止中暑药物，并采取遮阳措施
	8	在大风天巡视时，巡视人员应沿线路上风侧前进
	9	在正常巡视中，当巡视人员发现危及线路安全运行的危急缺陷时，如断线、塔体倾斜等，巡视人员应立即使用手机或对讲机等通信工具向巡视负责人汇报
	10	未经调度许可，巡视人员不准攀登杆塔进行检查
		如经调度许可进行登塔检查，必须一人监护，登塔人员穿着屏蔽服
		登塔检查时只允许到调度许可线路塔位，并与带电体保持5m距离，与地线保持0.4m以上距离
	11	巡视人员必须根据季节，正确穿着工作服
	12	在巡视时，巡视人员要处理好与沿线村民关系，避免发生直接冲突

六、输电线路巡视流程及内容

巡视流程：线路巡视应采用"四看、两转、一沿线、走到中间站一站"的巡视方法。

输电线路巡视流程

√	序号	项目	内容
	1	示意图	位置（2）、位置（4）、位置（1）、位置（3）；A、B、C、D；线路方向位
	2	"四看"	一看[位置（1）] 距塔20～30m，先查看小号侧的导线、地线及通道内情况，再查看铁塔AD面（从上至下）的地线支架、地线线夹、地线防震器、横担、塔头曲臂、导线上挂点、导线下挂点、瓷瓶、导线防振器、导线线夹、金具以及A腿、D腿主材螺栓和塔材情况
			二看[位置（2）] 距塔20～30m，查看铁塔AB面、AD面的地线支架、横担、铁塔曲臂、瓷瓶串挂点、导线线夹、金具、瓷瓶，以及A腿、B腿、D腿主材螺栓和塔材情况
			三看[位置（3）] 距塔20～30m，查看铁塔BC面、CD面的地线支架、横担、铁塔曲臂、导、地线悬挂点金具、瓷瓶，以及B腿、C腿、D腿主材螺栓和塔材情况

续表

√	序号	项目	内容
			四看[位置（4）] 距塔20~30m，先查看铁塔BC面的地线支架、地线线夹、地线防振器、横担、塔头曲臂、导线上、下挂点、瓷瓶、导线防振器、导线线夹、金具，以及B腿、C腿主材螺栓和塔材情况
	3	"两转"	第一转：绕拉线周围转一圈，查看拉线松、紧情况以及拉线上、下金具连接情况和拉线基础情况
			第二转：绕铁塔周围转一圈，查看铁塔基础情况，接地体埋设与铁塔连接情况，塔材螺栓是否有丢失现象
	4	"一沿线"	查看线路通道内的交叉跨越、建筑物、树木、道路情况、线路防洪情况，并随时向线路沿线群众做好保护电力设施的宣传工作
	5	"走到中间站一站"	在巡视到两基铁塔之间时，站在线路外侧查看两侧导、地线情况，以及通道内交叉跨越、树木、建筑物等情况

输电线路巡视主要内容

	项目	内容
1	线路防护区	向线路设施射击、抛掷物体等行为；在线路两侧各300m区域内放风筝等行为
		检查线路附近危及线路安全及线路导线风偏摆动时可能引起放电的树木或其他设施
		利用杆塔作起重牵引地锚，无在杆塔、拉线上拴牲畜、悬挂物件等现象
		在杆塔基础周围取土，无在线路保护区内进行农田水利基本建设及打桩、钻探、开挖、地下采掘等作业或倾倒酸、碱、盐及其他有害化学物品等现象
		线路保护区内无兴建建筑物、烧窑、烧荒或堆放谷物、草料、垃圾、矿渣、易爆物及其他影响供电安全的物品
		线路防护区内种植树木
		检查线路附近冲沟的变化
		在杆塔之间修建公路或房屋等设施

续表

2	杆塔基础	保护帽风化破碎，表面完整，无裂纹；无基础下沉、裂缝、上拔
		周围土壤无突起或沉陷，无取土、掩埋现象
3	接地装置	检测的工频接地电阻值不大于设计规定值
		多根接地引下线接地电阻值不出现明显差别
		接地引下线不应出现断开或与接地体接触不良的现象
		接地装置不应有外露或腐蚀严重的情况，即使被腐蚀后其导体截面积不低于原值的80%
		接地线埋深必须符合设计要求，接地钢筋周围必须回填泥土并夯实，以降低冲击接地电阻值
4	杆塔本体	部件齐全，无倾斜、弯曲、变形
		杆塔倾斜不超过10‰（50m以下）、5‰（50m及以上）
		在杆塔上筑有危及供电安全的鸟巢以及有蔓藤类植物附生
		在杆塔上架设电力线、通信线，以及安装广播喇叭等现象
		各部件连接紧固，无锈蚀，固定部位无明显松动
5	设备标志	标志齐全、规范、报警电话清晰；线路名称和编号清晰
		线路色标清晰、无脱落
6	绝缘子	各类绝缘子出现下述情况时，应进行处理 ①瓷质绝缘子伞裙破损、瓷质有裂纹、瓷釉烧坏 ②玻璃绝缘子自爆或表面裂纹 ③棒形及盘形复合绝缘子（伞裙、护套）破损或龟裂，断头密封开裂、老化；复合绝缘子憎水性降低到HC5及以下 ④绝缘横担有严重结垢、裂纹，瓷釉烧坏、瓷质损坏、伞裙破损 ⑤绝缘子偏斜角。直线杆塔的绝缘子串顺线路方向的偏斜角（除设计要求的预偏外）大于7.5°，且其最大偏移值大于300mm，绝缘横担端部位移大于100mm；双联悬垂串为弥补污耐压降低而采取"八字形"挂点除外
		玻璃绝缘子自爆或表面有闪络痕迹，绝缘子铁帽及钢脚锈蚀，钢脚弯曲，松弛档绝缘子变化情况
		跳线绝缘子串偏斜
		金具锈蚀、变形、磨损=裂纹，各种销子缺损或脱出

续表

7	导地线	无断股，导地线弛度不得超过+3.0‰、2.5‰，子导线偏斜不超过50mm，相间误差超过200mm
		导线对地及交叉跨越距离满足规程的要求
		耐张引流线夹无过热变色、变形、螺丝松动、烧伤现象
8	金具及其附件	金具质量。金具发生变形、锈蚀、烧伤、裂纹，金具连接处转动不灵活，磨损后的安全系数小于2.0（低于原值的80%）时应予处理或更换
		防震和均压金具。防振锤、阻尼线、间隔棒等防振金具发生位移，屏蔽环、均压环出现倾斜与松动时应予处理或更换
		接续金具。跳线引流板或并沟线夹螺栓扭矩值小于相应规格螺栓的标准扭矩值，压接管外观鼓包、裂纹、烧伤、滑移或出口处断股、弯曲度不符合有关规程要求，跳线联板或并沟线夹处温度高于导线温度10℃，接续金具过热变色，接续金具压接不实（有抽头或位移）现象，上述情况应予及时处理

项目三 电力安全工作规程

一、培训目标

架空输电线路无人机巡检作业安全工作规程适用于使用中小型无人直升机和固定翼无人机巡检系统对公司架空输电线路开展无人机巡检作业的工作人员。学员通过学习本项目熟悉架空输电线路无人机巡检作业安全工作的总则；掌握保证安全的组织措施、保证安全的技术措施、安全注意事项；提升巡检作业异常处理，以及设备和资料管理能力。

二、实施方法

为加强架空输电线路无人机巡检作业现场管理，规范各类作业人员的行为，保证人身、电网和设备安全，应遵循国家有关法律、法规，并结合电力生产的实际，开展架空输电线路无人机巡检作业。本项目讲解《架空输电线路无人机巡检作业安全工作规程》中的电力安全总则、保证安全的组织措施、保证安全的技术措施、临近带电线路的工作。

三、学习前准备

（一）学习形式

①给学员发放《架空输电线路无人机巡检作业安全工作规程》等规程。

②5～6人一组，选出小组长和学习委员，明确小组长和学习委员的职责。

③小组长组织小组成员学习架空输电线路无人机巡检作业安全工作规程，学习委员负责记录小组学习情况。

（二）学习场地

满足4～5组学习的新媒体设备教室，供培训师授课与学员自学使用。

四、内容概括

（一）线路安全规程

2005年3月，电力行业修订并出版了《电力安全工作规程（电力线路部分）》（以下简称"2005年版《线路安规》"）。2005年版《线路安规》在安全管理技术措施上有较大突破，明确了单人操作、检修人员操作、间接验电、计算机开操作票等重点内容，得到了电力行业的普遍认可和生产实践的有效检验，执行情况良好，成为电力生产现场安全管理的最重要规程，是保证人身安全、电网安全和设备安全的最基本要求。

随着电网生产技术快速发展，特别是跨区±500kV直流输电工程、750kV交流输电工程、1000kV特高压交流试验示范工程投入运行，2005年版《线路安规》在内容上已经不能满足电力安全工作实际需要。因此，为适应电网生产技术进步和管理体制变化的要求，加强电力生产现场的安全管理，电力行业于2009年对2005年版《线路安规》进行了修编，重点增补了±500kV及以上直流输电部分、750kV交流部分、1000kV特高压交流部分等相关内容，同时，对2005年版《线路安规》中的一些难点进行修改、完善及详述，保持2005年版《线路安规》的实时性、实用性、全面性，形成2009年版《线路安规》，2009年版《线路安规》于2009年8月1日起开始执行，原2005年版《线路安规》同时作废。

为进一步推进电力行业规程标准化工作，对2009年版《线路安规》稍作修改后，于2012年5月修编形成了《电力安全工作规程线路部分》标准报审稿。2012年6月《电力安全工作规程线路部分》通过了专家评审会审查，2012年8月《电力安全工作规程线路部分》上报。为适应新形势输电线路运维检修的要求，2013年6月相关部门对该标准的部分条文进行了修订及补充，形成并发布了《电力安全工作规程线路部分》标准。

《电力安全工作规程线路部分》主要规定了安全组织管理、技术措施、工器具使用、两票三制、异常处理等。

在巡线方面，《电力安全工作规程线路部分》规定巡线工作应由有电力线路工作经验的人员担任。在开展无人机巡检作业时，工作班成员应熟悉线路情况、熟悉无人机巡检系统，并具有相关工作经验。

《电力安全工作规程线路部分》规定，当遇有火灾、地震、冰雪、洪水等灾害发生时，应制定必要的安全措施。如果不满足无人机巡检系统工作要求或存在较大安全风险，则工作负责人可根据情况间断工作、临时中断工作或终结工作。

工作人员巡线时，应始终认为线路带电。工作人员应密切关注无人机巡检系统飞行轨迹是否符合预设航线，当无人机飞行轨迹偏离预设航线时，应立即采取措施控制无人机巡检系统按预设航线飞行，并再次确认无人机巡检系统飞行状态正常可控。

在现场作业时，无人机巡检系统应与线路和杆塔设备保持足够安全距离，避免发生撞线或撞塔事故。无人机巡检系统受交直流运行电压影响，旋翼、脚架及电子元器件易发生起晕、放电甚至拉弧击穿等现象，或者干扰磁力计、陀螺仪等电子元器件性能，导致云台抖动、图传出现条纹、航行灯失常、遥控手柄控制灵敏度降低甚至失控等。

无人机巡检系统在近塔及临线作业时，对线路的安全影响主要体现在两方面：一是改变线路放电路径，二是较大程度降低线路的击穿峰值电压，尤其是无人机巡检系统位于导线内侧时,安全风险最大。此外,在相地间靠近正极性导线以及在两相间靠近负极性导线作业时,如果导线中产生操作冲击电压,则此时无人机巡检系统对线路的安全影响较大,易造成击穿放电。

以上规定,有效加强了无人机电力巡线现场管理,规范了各类工作人员的行为,进而保障了人身、电网和设备的安全。

(二)架空输电线路无人机巡检作业安全工作规程

架空输电线路无人机巡检作业安全工作规程大纲

√	序号	项目	内容
	1	总则	4.1 一般要求 4.2 作业现场的基本条件 4.3 人员配置 4.4 作业人员的基本条件 4.5 教育和培训 4.6 空域 4.7 制止 4.8 安全措施 4.9 补充条款和实施细则
	2	保证安全的组织措施	5.1 空域申报制度 5.2 现场勘查制度 5.3 工作票制度 5.4 工作许可制度 5.5 工作监护制度 5.6 工作间断制度 5.7 工作票的有效期与延期 5.8 工作终结制度
	3	保证安全的技术措施	6.1 航线规划 6.2 安全策略设置 6.3 航前检查 6.4 航巡监控 6.5 航后检查
	4	安全注意事项	7.1 一般注意事项 7.2 使用中型无人直升机巡检系统的巡检作业 7.3 使用小型无人直升机巡检系统的巡检作业 7.4 使用固定翼无人机巡检系统的巡检作业

4.总则

4.1 一般要求

为加强架空输电线路无人机巡检作业现场管理，规范各类作业人员的行为，保证人身、电网和设备安全，应遵循国家有关法律、法规，并结合电力生产的实际，开展架空输电线路无人机巡检作业。

4.2 作业现场的基本条件

4.2.1 作业现场的生产条件和安全设施等应符合有关标准、规范的要求，作业人员的劳动防护用品应合格、齐备，现场使用的安全工器具和防护用品应合格并符合有关要求。

4.2.2 经常有人工作的场所及作业车辆上宜配备急救箱，存放急救用品，并指定专人经常检查、补充或更换。

4.2.3 作业人员应被告知其作业现场和工作岗位存在的危险因素、防范措施及事故紧急处理措施。

4.3 人员配置

4.3.1 使用中型无人直升机巡检系统进行的架空输电线路巡检作业，作业人员包括工作负责人（一名）和工作班成员。工作班成员至少包括程控手、操控手和任务手。

4.3.2 使用小型无人直升机巡检系统进行的架空输电线路巡检作业，作业人员包括工作负责人（一名）和工作班成员，分别担任程控手和操控手，工作负责人可兼任程控手或操控手，但不得同时兼任。必要时，也可增设一名专职工作负责人，此时工作班成员至少包括程控手和操控手。

4.4 作业人员的基本条件

4.4.1 经医师鉴定，无妨碍工作的病症（体格检查每两年至少一次）。

4.4.2 具备必要的电气、机械、气象、航线规划等巡检飞行知识和相关业务技能，熟悉Q/GDW 1799.2 和本标准，并经考试合格。

4.4.3 具备必要的安全生产知识，学会紧急救护法。

4.5 教育和培训

4.5.1 作业人员应接受相应的安全生产教育和岗位技能培训,经考试合格上岗。

4.5.2 作业人员对本规程应每年考试一次。因故间断无人机巡检作业连续三个月以上者,应重新学习本规程,程控手和操控手还应进行实操复训,经考试合格后,方能恢复工作。

4.5.3 新参加无人机巡检工作的人员、实习人员和临时参加作业的人员等,经过安全知识教育和培训后,方可参加指定工作,且不得单独工作。

4.6 空域

开展架空输电线路无人机巡检作业的各单位应规范化使用空域。

4.7 制止

任何人发现有违反本标准的情况,应立即制止,经纠正后才能恢复作业。各作业人员有权拒绝违章指挥和强令冒险作业,在发现直接危及人身安全的紧急情况时,有权停止作业或者在采取紧急措施后撤离作业场所,并立即报告。

4.8 安全措施

在试验和推广新技术、新工艺、新设备时,应制定相应的安全措施,确定无人机巡检系统状态良好,并履行相关审批手续后方可执行。

4.9 补充条款和实施细则

任务单位可根据现场情况制定本标准补充条款和实施细则,并履行相关审批手续后方可执行。

5. 保证安全的技术措施

电力无人机巡检作业应建立空域申报制度、现场勘察制度、工作票制度、工作许可制度、工作监护制度、工作间断制度、工作票的有效期与延期、工作终结制度等规章制度。

5.1 空域申报制度

无人机巡检作业应严格按国家相关政策法规、当地民航军管等要求规范化使用空域。目前，我国关于无人机空域管理的规定主要为《民用无人机驾驶航空器系统空中交通管理办法》，根据该办法，民用无人机的空域是临时划设，对于禁飞区没有进行明确的说明，只做了原则性的规定，飞行密集区、人口稠密区、重点地区、繁忙机场周边空域为禁飞区。

电力行业在使用无人机完成大量巡检工作任务的同时，也存在"黑飞"现象。无人机"黑飞"不仅危害电力线路的安全运行，还对行业和企业造成较大的社会舆情风险，甚至危害国家安全（比如进入国家禁飞区、军事禁飞区等敏感区域）。因此，电力行业在应用无人机开展线路巡检作业时，工作许可人须根据无人机巡检作业计划，按相关要求办理空域审批手续，并密切跟踪当地空域变化情况。各无人机使用单位应建立空域申报协调机制，满足无人机应急巡检作业时空域使用要求。

5.2 现场勘查制度

线路作业具有点多、面广、线长、环境复杂、危险性大等特点，从众多事故案例分析，许多事故的发生，往往是作业人员事前缺乏危险点的勘查与分析，事中缺少危险点的控制措施所致，因此作业前的危险点勘查与分析是一项十分重要的组织措施。

根据工作任务组织现场勘查，并填写架空输电线路无人机巡检作业现场勘查记录单（勘查记录单格式可参考附附录A）。现场勘查内容包括核实线路走向和走势、交叉跨越情况、杆塔坐标、巡检区域地形地貌、起飞和降落点环境、交通运输条件及其他危险点等，确认巡检航线规划条件。对复杂地形、复杂气象条件下或夜间开展的无人机巡检作业以及现场勘查认为危险性、复杂性和困难程度较大的无人机巡检作业，应专门编制组织措施、技术措施、安全措施，在履行相关审批手续后方可执行。

5.3 工作单（票）制度

为提高预防事故能力，杜绝人为责任事故，开展架空输电线路进行无人机巡检作业时，需填用架空输电线路无人机巡检作业工作单（票）。

工作单（票）的使用应满足下列要求：

①一张工作票只能使用一种型号的无人机。使用不同型号的无人机进行作业，分别填写工作票。

②一个工作负责人不能同时执行多张工作票。在巡检作业工作期间，工作票始终保留在工作负责人手中。

③对多个巡检飞行架次，但作业类型相同的连续工作，可共用一张工作票。

5.4 工作许可制度

履行工作许可手续是为了在完成安全措施以后，进一步加强工作责任感，确保万无一失所采取的一种必不可少的"把关"措施。因此，必须在完成各项安全措施之后再履行工作许可手续。

工作负责人在工作开始前向工作许可人申请办理工作许可手续，在得到工作许可人的许可后，方可开始工作。工作许可人及工作负责人在办理许可手续时，应分别逐一记录、核对工作时间、作业范围和许可空域，并确认无误。

工作负责人在当天工作前和结束后向工作许可人汇报当天工作情况。已办理许可手续但尚未终结的工作。当空域许可情况发生变化时，工作许可人应当及时通知工作负责人视空域变化情况调整工作计划。

办理工作许可手续方法可采用当面办理、电话办理或派人办理。当面办理和派人办理时，工作许可人和工作负责人在两份工作票上均应签名；电话办理时，工作许可人及工作负责人需复诵核对无误。

5.5 工作监护制度

工作监护制度是指工作负责人带领工作班成员到作业现场，布置好工作后，对全班人员不断进行安全监护的制度，是保证人身安全及操作正确的主要措施。

工作许可手续完成后，工作负责人向工作班成员交待工作内容、人员分工、技术要求和现场安全措施等，并进行危险点告知。在工作班成员全部履行确认手续后，方可开始工作。工作负责人应始终在工作现场，对工作班成员的安全进行认真监护，及时纠正不安全的行为，并对工作班成员的操作进行认真监督，确保无人机状态正常航线和安全策略等设置正确。此外，工作负责人还需核实确认作业范围地形地貌、气象条件、许可空域、现场环境和无人机状态等满足安全作业要求。如果任意一项不满足安全作业要求或未得到确认，则工作负责人不得下令放飞。

在工作期间，当工作负责人因故需要暂时离开工作现场时，应指定能胜任的人员临时代替，工作负责人在离开前将工作现场交待清楚，并告知工作班全体成员。原工作负责人返回工作现场时，也应履行同样的交接手续。若工作负责人必须长时间离开工作现场时，应履行变更手续，并告知工作班全体成员及工作许可人，且原工作负责人与现工作负责人应做好必要的交接。

5.6 工作间断制度

在工作过程中，如遇雷、雨、大风以及其他任何情况威胁到作业人员或无人机的安全，但可在工作票（单）有效期内恢复正常，工作负责人可根据情况间断工作，否则应终结本次工作。若无人机已经放飞，工作负责人应立即采取措施，作业人员在保证安全的条件下，控制无人机返航或就近降落，或采取其他安全策略及应急方案保证无人机安全。在工作过程中，如无人机状态不满足安全作业要求，且在工作票（单）有效期内无法修复并确保安全可靠，工作负责人应终结本次工作。

已办理许可手续但尚未终结的工作，当空域许可情况发生变化不满足要求，但可在工作票（单）有效期内恢复正常，工作负责人可根据情况间断工作，否则应终结本次工作。若无人机已经放飞，工作负责人应立即采取措施，控制无人机返航或就近降落。

白天工作间断时，应将无人机断电，并采取其他必要的安全措施，必要时派人看守。恢复工作时，应对无人机进行检查，确认其状态正常。即使工作间断前已经完成系统自检，也必须重新进行自检。隔天工作间断时，应撤收所有设备并清理工作现场。恢复工作时，应重新报告工作许可人对无人机进行检查，确认其状态正常，重新自检。

5.7 工作票的有效期与延期

一般来说，在工作票的有效截止时间内，以工作票签发人批准的工作结束时间为限。工作票只允许延期一次。若需办理延期手续，应在有效截止时间前2小时由工作负责人向工作票签发人提出申请，经同意后由工作负责人报告工作许可人予以办理。对于涉及空域审批的工作，还需由工作许可人重新向空管部门提出申请。

5.8 工作终结制度

工作终结后，工作负责人应及时报告工作许可人，报告方法可采用当面报告和电话报告。终结报告应简明扼要，并包括下列内容：工作负责人姓名、工作班组名称、工作任务（说明线路名称、巡检飞行的起止杆塔号等）已经结束，无人机已经回收，工作终结。

6.保证安全的技术措施

6.1 航线规划

获得空管部门的空域审批许可后，作业人员须严格按照批复后的空域规划航线。在进行航线规划时，应满足以下要求：

①作业人员根据巡检作业要求和所用无人机技术性能规划航线。规划的航线避开空中管制区、重要建筑和设施，尽量避开人员活动密集区、通信阻隔区、无线电干扰区、大风或切变风多发区和森林防火区等地区。对于首次开展无人机巡检作业的线段，作业人员在航线规划时应当留有充足

裕量，与以上区域保持足够的安全距离。

②航线规划时，作业人员应充分预留无人机飞行航时。

③除必要的跨越外，无人机不得在公路、铁路两侧路基外各100m之间飞行、距油气管线边缘距离不得小于100m。除非必要，航线不得跨越高速铁路，尽量避免跨越高速公路。

④无人机起飞和降落区应远离公路、铁路、重要建筑和设施，尽量避开周边军事禁区、军事管理区、森林防火区和人员活动密集区等，且满足对应机型的技术指标要求。

⑤除非涉及到作业安全，作业人员不得在无人机飞行过程中随意更改巡检航线。

6.2 安全策略设置

无人机在飞行过程中，遇到恶劣环境或突发情况，如阵风、遮挡、电子元器件故障等，容易导致飞行轨迹偏离航线、导航卫星颗数无法定位、通信中断、动力失效等。出现以上任一种情况，都将危及巡检作业安全，造成无人机坠机或撞击输电线路，甚至引发更大规模的次生危害。

考虑到巡检过程中气象条件、空间背景或空域许可等情况发生变化的可能，作业人员在开展无人机巡检作业时，可提前设置合理的安全策略。设置的安全策略主要包括以下几点：

①返航策略和应急降落策略。返航策略应至少包括原航线返航和直线返航，可对返航触发条件、飞行速度、高度、航线等进行设置。应急降落策略触发条件可设置。不论固定翼无人机处于何种飞行状态，只要操作人员通过地面控制站或遥控手柄上的特定功能键（按钮）启动一键返航功能，固定翼无人机应中止当前任务，按预先设定的策略返航。

②自检功能，自检项目应至少包括：飞行控制模块、电池电压量、发动机（电机）工况、遥控遥测信号等。以上任一部件故障，均能进行声、光报警，并且系统锁死，无法起飞。根据报警提示，应能确定故障部件。

③安全控制策略,包括若采用弹射起飞,弹射触发启动装置须具备防误操作措施。

通过设置合理的安全策略,可确保作业过程中无人机的飞行安全,并保障作业人员有效的完成检修作业。

6.3 航前检查

开展无人机巡检作业前,作业人员应确认当地气象条件是否满足所用无人机起飞、飞行和降落的技术指标要求,并掌握航线所经地区气象条件,判断是否对无人机的安全飞行构成威胁。若不满足要求或存在较大安全风险,工作负责人可根据情况间断工作、临时中断工作或终结本次工作。

无人机的起点、降点应与输电线路和其他设施、设备保持足够的安全距离,风向有利,具备起降条件,设置的航线上应避免无关人员干扰,必要时可设置安全警示区。工作地点、起降点和起降航线上应避免无关人员干扰,必要时可设置安全警示区。作业现场应远离爆破、射击、烟雾、火焰、机场、人群密集、高大建筑、军事管辖、无线电干扰等可能影响无人机飞行的区域,不宜从变电站(所)、电厂上空穿越,且应做好灭火等安全防护措施,严禁吸烟和出现明火,带至现场的油料单独存放。

每次放飞无人机前,作业人员应核实线路名称和杆塔号无误,并对无人机的动力系统、导航定位系统、飞控系统、通信链路、任务系统等进行检查。当发现任一系统出现不适航状态时,应认真排查原因、修复,在确保安全可靠后方可放飞。当发生环境恶化或其他威胁无人机飞行安全的情况时,应停止本次作业。若无人机已经起飞,应立即采取措施,控制无人机返航、就近降落,或采取其他安全策略保证无人机安全。

6.4 航巡监控

开展无人机巡检作业时,作业人员应核实无人机的飞行高度、速度等满足该机型技术指标要求以及巡检质量要求。无人机放飞后,可在起飞点附近进行悬停或盘旋飞行，待作业人员确认系统工作正常后再继续执行巡检任务。若检查发现无人机状态异常，应及时控制无人机降落，排查原因、修复，在确保安全可靠后方可再次放飞。

程控手和操控手应始终注意观察无人机的电机转速、电池电压、航向、飞行姿态等遥测参数，判断系统工作是否正常，如有异常，应及时判断原因并采取应对措施。

采用自主飞行模式时，操控手应始终掌控遥控手柄使之处于备用状态，并按程控手指令进行操作，操作完毕后向程控手汇报操作结果。在目视可及范围内，操控手应密切观察无人机飞行姿态及周围环境变化，突发情况下，操控手可通过遥控手柄立即接管控制无人机的飞行，并向程控手汇报。

采用增稳或手动飞行模式时，程控手应及时向操控手通报无人机的电机转速、电池电压、航迹、飞行姿态、速度及高度等遥测信息。当无人机飞行中出现链路中断故障，作业人员可先控制无人机原地悬停等候1~5min，待链路恢复正常后继续执行巡检任务。若链路仍未恢复正常，可采取沿原飞行轨迹返航或升高至安全高度后返航的安全策略。

无人机飞行时，程控手还应密切观察无人机飞行航迹是否符合预设航线。当飞行航迹偏离预设航线时，应立即采取措施控制无人机按预设航线飞行，并再次确认无人机飞行状态正常可控。否则，应立即采取措施控制无人机返航或就近降落，待查明原因，排除故障并确认安全可靠后，方可重新放飞执行巡检作业。在整个操作过程中，各相关作业人员之间应保持信息畅通。

6.5 航后检查及维护

巡检作业结束后，工作班成员应清理现场，核对设备和工器具清单，确认现场无遗漏，并及时对所用无人机进行检查和维护，对无人机外观及关键零部件进行检查。对于油动力无人机，应将油箱内剩余油品抽出；对于电动力无人机，应将电池取出。取出的油品和电池应按要求妥善保管，并定期进行充、放电工作，确保电池性能良好。

无人机回收后，应按照相关要求放入专用库房进行存放和维护保养。维护保养人员应严格按照无人机正常周期进行零件维修更换和大修保养，定期对无人机进行检查、清洁、润滑、紧固，确保设备状态正常。如无人机长期不用，则应定期启动，检查设备状态。如果出现异常现象，则应及时调整、维修。

7.安全注意事项

7.1 一般注意事项

7.1.1 使用的无人机巡检系统应通过试验检测。作业时，应严格遵守相关技术规程要求，严格按照所用机型要求进行操作。

7.1.2 现场应携带所用无人机巡检系统飞行履历表、操作手册、简单故障排查和维修手册。

7.1.3 工作地点、起降点和起降航线上应避免无关人员干扰，必要时可设置安全警示区。

7.1.4 现场禁止使用可能对无人机巡检系统通信链路造成干扰的电子设备。

7.1.5 带至现场的油料应单独存放，并派专人看守。作业现场严禁吸烟和出现明火，并做好灭火等安全防护措施。

7.1.6 加油和放油应在无人机巡检系统下电、发动机熄火、旋翼或螺旋桨停止旋转以后进行，操作人员应使用防静电手套，作业点附近应准备灭火器。

7.1.7 加油时，如出现油料溢出或泼洒，应擦拭干净并检查无人机巡检系统表面及附近地面确无油料时，方可进行系统上电以及发动机点火等操作。

7.1.8 雷电天气不得进行加油和放油操作。在雨、雪、风沙天气条件下，应采取必要的遮蔽措施后才能进行加油和放油操作。

7.1.9 起飞和降落时，现场所有人员应与无人机巡检系统始终保持足够的安全距离，作业人员不得位于起飞和降落航线下。

7.1.10 巡检作业现场所有人员均应正确佩戴安全帽和穿戴个人防护用品，正确使用安全工器具和劳动防护用品。

7.1.11 现场作业人员均应穿戴长袖棉质服装。

7.1.12 工作前8h及在工作过程中，作业人员不应饮用任何酒精类饮品。

7.1.13 工作时，工作班成员禁止使用手机。除必要的对外联系外，工作负责人不得使用手机。

7.1.14 工作人员在现场不得进行与作业无关的活动。

7.2 使用中型无人直升机巡检系统的巡检作业

7.2.1 操控手应在巡检作业前一个工作日完成所用中型无人直升机巡检系统的检查，确认状态正常，准备好现场作业工器具和备品备件等物资，并向工作负责人汇报检查和准备结果。

7.2.2 程控手应在巡检作业前一个工作日完成航线规划工作，编辑生成飞行航线、各巡检作业点作业方案和安全策略，并交工作负责人检查无误。

7.2.3 应在通信线路畅通范围内进行巡检作业。

7.2.4 宜采用自主起飞，增稳降落模式。

7.2.5 起飞和降落点宜相同。

7.2.6 巡检航线应位于被巡线路的侧方，且宜在对线路的一侧设备全部巡检完后再巡另一侧。

7.2.7 沿巡检航线飞行宜采用自主飞行模式。即使在目视范围内，也不宜采用增稳飞行模式。

7.2.8 不得在重要建筑和设施的上空穿越飞行。

7.2.9 沿巡检航线飞行过程中，在确保安全时，可根据巡检作业需要临时叫停或解除预设的程控悬停。

7.2.10 无人直升机巡检系统悬停时应顶风悬停，且不应在设备、建筑、设施、公路和铁路等的上方悬停。

7.2.11 无人直升机巡检系统到达巡检作业点后，程控手应及时通报任务手，由任务手操控任务设备进行拍照、摄像等作业，任务手完成作业后应及时向程控手汇报。任务手与程控手之间应保持信息畅通。

7.2.12 若无人直升机巡检系统在巡检作业点处的位置、姿态和悬停时间等需要调整以满足拍照和摄像作业的要求，任务手应及时告知程控手具体要求，由程控手根据现场情况和无人直升机状态决定是否实施。实施操作应由程控手通过地面站进行。

7.2.13 巡检作业时，无人直升机巡检系统距线路设备距离不宜小于30m、水平距离不宜小于25m，距周边障碍物距离不宜小于50m。

7.2.14 巡检飞行速度不宜大于15m/s。

7.3 使用小型无人直升机巡检系统的巡检作业

7.3.1 操控手应在巡检作业前一个工作日完成所用无人直升机巡检系统的检查，确认状态正常，准备好现场作业工器具和备品备件等物资。

7.3.2 应在通信线路畅通范围内进行巡检作业。在飞至巡检作业点的过程中，通常应在视线可及范围内；在巡检作业点进行拍照、摄像等作业时，应保持目视可及。

7.3.3 可采用自主或增稳飞行模式控制无人直升机巡检系统飞至巡检作业点，以增稳飞行模式进行拍照、摄像等作业，不应采用手动飞行模式。

7.3.4 无人直升机巡检系统到达巡检作业点后，程控手进行拍照、摄像等作业。

7.3.5 程控手与操控手之间应保持信息畅通。若需要对无人直升机巡检系统的位置、姿态等进行调整，程控手应及时告知操控手具体要求，由操控手根据现场情况和无人直升机状态决定是否实施。应由操控手通过遥控器进行实施操作。

7.3.6 无人直升机巡检系统不应长时间在设备上方悬停,不应在重要建筑及设施、公路和铁路等的上方悬停。

7.3.7 巡检作业时,无人直升机巡检系统距线路设备距离不宜小于5m,距周边障碍物距离不宜小于10m。

7.3.8 巡检飞行速度不宜大于10m/s。

7.4 使用固定翼无人机巡检系统的巡检作业

7.4.1 操控手应在巡检作业一个工作日前完成所用固定翼无人机巡检系统的检查,确认状态正常,准备好现场作业工器具以及备品备件等物资,并向工作负责人汇报检查和准备结果。

7.4.2 程控手应在巡检作业一个工作日前完成航线规划工作,编辑生成飞行航线、各巡检作业点作业方案和安全策略,并交工作负责人检查无误。

7.4.3 巡检航线任一点应高出巡检线路包络线100m以上。

7.4.4 起飞和降落宜在同一场地。

7.4.5 使用弹射起飞方式时,应防止橡皮筋断裂伤人。弹射架应固定牢靠,且有防误触发装置。

7.4.6 巡检飞行速度不宜大于30m/s。

项目四 输电线路缺陷

一、培训目标

能够结合现场实际，举一反三，认真分析输电线路故障和缺陷发生的根本原因，切实提高输电线路运维水平；能够发现线路设备上的缺陷，并且正确描述。

二、实施方法

输电线路点多、线长、面广，通道地理环境和气象条件复杂，确保线路安全稳定运行是线路运维人员的首要任务。线路运维人员需要提升快速查找，准确认定线路故障和缺陷的能力。

三、主要内容

（一）缺陷管理的一般要求

1.缺陷管理

缺陷管理的内容包括从缺陷的发现、建档、消除、验收等全过程的闭环管理。

2.缺陷管理的原则

缺陷管理实行分级、分层管理原则。省级公司所属各单位应建立或明确本单位设备缺陷管理的组织机构，明确各级设备缺陷管理责任人。

3.缺陷管理的程序

发现设备缺陷时，根据缺陷情况及缺陷性质启动缺陷管理的程序，包括缺陷的发现、建档、消除、验收等环节。缺陷管理应做到全过程闭环管理、分工明确、责任到人。

4.设备缺陷的处理时限

危急缺陷处理时限不超过24小时；严重缺陷处理时限不超过1个月；一般缺陷处理时限原则上为下一次设备停电，最长不超过一个例行试验周期，可不停电处理的一般缺陷处理时限不超过3个月。

5.缺陷发现

缺陷发现包括设备监视（巡视）、例行试验、状态监测和状态检修等各个环节发现的缺陷，缺陷的录入由运维或检修人员进行。

6.缺陷建档

运维或检修人员在发现缺陷后应及时参照缺陷定性标准进行定性，在1个工作日内录入生产管理信息系统，启动缺陷管理流程。

7.缺陷处理

根据缺陷定性和处理时限要求，相关人员及时组织、安排缺陷处理工作，确保设备缺陷按期处理。

8.消缺验收

在缺陷处理后，运维人员应对处理的结果进行认真检查验收。缺陷在3个工作日内由运维人员录入到生产管理信息系统，完成缺陷处理流程的闭环管理。因客观原因未彻底消除的缺陷，应由验收人员将原缺陷消除后，将重新定性后的缺陷录入系统启动流程。

（二）缺陷分类

1.按缺陷位置

输电线路的缺陷分为线路本体缺陷、附属设施缺陷和外部隐患三大类：

①"本体缺陷"是指组成线路本体的全部构件、附件及零部件,包括基础、杆塔、导地线、绝缘子、金具、接地装置、拉线等发生的缺陷。

②"附属设施缺陷"是指附加在线路本体上的线路标识、安全标志牌及各种技术监测及具有特殊用途的设备(如雷电监测、绝缘子在线监测、外加防雷、防鸟装置等)发生的缺陷。

③"外部隐患"是指外部环境变化对线路的安全运行已构成某种潜在性威胁的情况,如在保护区内违章建房、种植树(竹)、堆物、取土以及各种施工作业等。

2.按严重程度

线路的各类缺陷按严重程度,分为一般缺陷、严重缺陷、危急缺陷

①"一般缺陷"是指缺陷情况对线路的安全运行威胁较小,在一定时间内不影响线路安全运行的缺陷。此类缺陷应列入年、季检修计划中加以消除。

②"严重缺陷"是指缺陷情况对线路安全运行已构成严重威胁,短期内线路尚可维持安全运行。此类缺陷应在短时间内消除,消除前须加强监视。

③"危急缺陷"是指缺陷情况已危及到线路安全运行,随时可能导致线路发生事故,既危险又紧急的缺陷。此类缺陷必须尽快消除,或临时采取确保线路安全的技术措施进行处理,随后消除。

(三)缺陷处理要求

对不同级别缺陷的处理时限,应符合如下要求:

①一般缺陷的处理,最迟不应超过一个检修周期。一经查到,如能立即消除,可不作为缺陷对待,如发现个别螺栓松动,当即用扳手拧紧;如不能立即消除,应作为缺陷将其记录下来,并应填入缺陷记录中履行正常缺陷处理流程。

②严重缺陷的处理，一般不超过1周（最多1个月）。一经发现，线路运维人员应于当天报告给检修公司专业技术管理人员，经鉴定确属"严重缺陷"，检修公司应尽早安排处理并报本单位运维检修部。供电公司、省检修公司运维检修部只要认定是"严重缺陷"，应立即安排处理，不必再行上报。

③危急缺陷的处理，通常不应超过24h。一经发现，应立即报告检修公司和运维检修部，经鉴定确认是危急缺陷，应确定处理方案或采取临时的安全技术措施，立即进行处理。供电公司、省检修公司的运维检修部在安排处理的同时报告省公司运维检修部。

（四）缺陷标准化描述

为使各级运检人员清晰掌握缺陷内容，需要使用统一规范的缺陷描述，缺陷描述由线路名称、杆塔号、缺陷具体位置、缺陷内容组成。缺陷描述应使用数字等信息，如0～9的数字，左、中、右、上、中、下，大、小，A、B、C等。

为统一缺陷描述，需要将输电线路缺陷标准术语进行规定和统一，具体要求如下：

①线路方向以杆塔号方向为正方向，即线路分大、小号侧。面向正方向分前、后、左、中、右。

②基础、接地装置按顺时针分A腿、B腿、C腿、D腿。接地装置由接地引下线和接地网组成，记缺陷时要写明确。

③铁塔分塔头及塔身某段，杆塔的前侧、后侧和左侧、右侧按线路正方向统计。

④横担分导线横担、地线横担，按其横担导线相位（或上、中、下、左、右位置）描述。

⑤塔材应注明规格及尺寸、塔材号、数量。

⑥拉线按左、右腿的前、后侧分。杆塔分内、外角拉线。拉线分上楔、钢绞线、下楔、拉线棒、基础。接线锈蚀要注明拉线规格和锈蚀的详细情况。

⑦架空地线分左、右地线,地线支架分左、右地线支架。导线分左、中、右线(垂直排列者分上、中、下线)或按相序分。四分裂导线需逆时针注明某相1线、2线、3线、4线;导、地线压接管与导、地线分法相同,但必须注明压接管距某杆塔的距离(或距第几个间隔棒的距离)。间隔棒要写明某档某相第几个,再按接近某杆塔由近及远计数。

⑧导、地线缺陷必须写明在某档中的位置及详细情况。导、地线防振锤从杆塔中心向前、后侧依次计数,应写明防振锤型号,移位要写明距原位置的距离。

⑨绝缘子串分左、中、右线(垂直排列者分上、中、下线)或按相序分。耐张绝缘子串还分大、小号侧。双串绝缘子要分里、外串。

⑩绝缘子片数从横担向导线依次计数。其缺陷必须写明是否为低值、零值,破损面积(单位:cm^2),自爆等情况,并写明绝缘子位置、型号。绝缘子串偏斜要写明偏斜方向、度数或距离(单位:mm)。

⑪通道隐患须写明某档前后杆塔号、距最近某相垂直和水平距离、在该档中距某杆塔距离、其交叉跨越物或建筑物归谁所有、详细地址,并注明当时温度。

⑫防护区内树木应写明树种、树径、数量(棵)、距导线垂直或水平距离(单位:m)、树主。超高的树木要说明超高多少米。

⑬严重及以上缺陷须取现场照片存档。

(五)架空输电线路常见缺陷及隐患

1.本体缺陷

本体缺陷是指组成线路本体的全部构件、附件及零部件缺陷,包括基础、杆塔、导线、地线（OPGW）、绝缘子、金具、接地装置、拉线等发生的缺陷。

（1）基础缺陷

基础缺陷是指杆塔基础、边坡工程所发生的缺陷，主要包含杆塔基础破损、沉降、上拔、回填不够、基础保护范围内取土、杂物堆积、易燃易爆物堆积、余土堆积、基础保护范围内冲刷、基础保护范围内坍塌、基础保护范围内滑坡、边坡距离不足、护坡倒塌、防洪设施倒塌、基础立柱淹没、金属基础锈蚀、防碰撞设施损坏。

（2）杆塔缺陷

杆塔缺陷是指杆塔本体所发生的缺陷，不包括和杆塔连接的其他部件所发生的缺陷，主要包含塔身倾斜、异物、锈蚀；横担锈蚀、歪斜；塔材缺螺栓、缺塔材、变形、裂纹、锈蚀；脚钉松动、锈蚀、缺少、变形；爬梯缺损、变形、锈蚀、断开、脱落；拉线锈蚀、损伤、松弛。

另外，钢管塔还可能存在塔身弯曲、法兰盘损坏、锈蚀、螺栓锈蚀。钢管杆还可能杆顶挠度偏大、弯曲；法兰盘损坏、锈蚀、螺栓锈蚀、缺螺栓、焊缝裂纹、进水、损伤；横担护栏锈蚀、变形、断裂、脱落。砼杆还可能杆身裂纹、钢箍保护层脱落、缺螺栓、连接钢圈损坏、抱箍螺栓锈蚀、地线顶架锈蚀、抱箍螺栓松动；横担歪斜、吊杆松、吊杆过紧、水平拉杆松、水平拉杆过紧、斜拉杆松、斜拉杆过紧；叉梁下移、抱箍锈蚀、锈蚀、抱箍螺栓缺少、抱箍变形、水泥脱落；拉线锈蚀、损伤、水平稳拉松、水平稳拉过紧、水平稳拉缺少、水平稳拉金具锈蚀、水平稳拉金具缺少、内拉线松、内X拉线过紧、内X拉线缺少、内X拉线金具锈蚀、内X拉线金具缺少、UT形线夹反装、UT形线夹缺螺母、UT形线夹丝扣露头不够、UT形线夹扎头铁丝散开、UT形线夹尾线散开。大跨越塔塔身弯曲、法兰盘损坏；护栏锈蚀、变形、断裂；脚钉松动、锈蚀、缺少、变形；电梯电气故障、机械故障；平台缺损、变形、锈蚀。

（3）导线缺陷

导线缺陷仅指导线本体所发生的缺陷，不包括和导线连接的各类金具所发生的缺陷，主要包含断股、损伤、松股、跳股、补修绑扎线松散；子导线鞭击、扭绞、粘连、弧垂偏差、异物、断线；引流线断股、损伤、松股、跳股、弧垂偏差、异物。

（4）地线缺陷

地线缺陷仅指地线本体所发生的缺陷，不包括与地线连接的各类金具所发生的缺陷。主要包含普通地线断股、损伤、锈蚀、补修绑扎线松散、异物、断线；地线断股、损伤、补修绑扎线松散、异物、附件松动、附件变形、附件损伤、附件丢失、接线盒脱落、接地不良、引下线松散。

（5）绝缘子缺陷

绝缘子缺陷仅指绝缘子本体所发生的缺陷，不包括和绝缘子连接的各类金具所发生的缺陷，主要包含污秽、防污闪涂料失效、表面灼伤、串倾斜、钢脚变形、锈蚀、破损、锁紧销缺损、均压环灼伤、均压环锈蚀、均压环移位、均压环损坏、均压环螺栓松、均压环脱落、招弧角灼伤、招弧角间隙脱落。瓷质绝缘子零值；玻璃绝缘子自爆；复合绝缘子灼伤、护套破损、伞裙破损、伞裙脱落、芯棒异常、芯棒断裂、均压环反装、金属连接处滑移、端部密封失效、憎水性丧失。

（6）金具缺陷

金具缺陷指杆塔上除拉线金具之外其他所有金具所发生的缺陷，可分为绝缘子串金具缺陷、导线金具缺陷、地线金具缺陷。

①悬垂线夹船体锈蚀、挂轴磨损、挂板锈蚀、马鞍螺丝锈蚀、变形、灼伤、偏移、断裂；螺栓松动脱落、缺螺帽、缺垫片、开口销缺损。

②耐张线夹线夹本体锈蚀、灼伤、滑移、引流板、裂纹、发热；压接管裂纹、管口导线滑动、钢锚锈蚀；铝包带断股、松散。螺栓松动、脱落、锁紧销缺损。

③联接类金具锈蚀、磨损、变形、灼伤、缺螺帽、开口销缺损。

④保护类金具位移、灼伤、锈蚀、脱落、偏斜。

⑤压缩类接续类金具出口处鼓包、断股、抽头或位移、弯曲、裂纹、发热。

另外，并沟线夹易出现螺栓松动、缺损、位移、发热；预绞丝易出现散股、断股、滑移。

（7）拉线缺陷

拉线缺陷是指与拉线连接的所有部件发生的缺陷，主要包括拉线本体缺陷、拉线金具缺陷、拉棒缺陷、拉盘缺陷、拉线基础还可能存在拉线棒锈蚀等。

（8）接地装置缺陷

接地装置缺陷是指杆塔接地工程所发生的缺陷，主要包含：接地体外露、埋深不够、接地沟回填土不足、附近开挖、接地沟回填土被冲刷、锈蚀、损伤；引下线断开、缺失、锈蚀浇在保护帽内；接地螺栓缺失、滑牙锈蚀；接地电阻测量值不合格。

2.附属设施缺陷

附属设施缺陷是指附加在线路本体上的线路标识、安全标志牌、各种技术监测或具有特殊用途的设备（如在线监测、防雷、防鸟装置等）发生的缺陷。

①标志牌杆号牌（含相序）、色标牌、警告牌图文不清、破损、缺少、挂错、内容差错。

②航空标志破损、缺少。

③在线监测装置功能缺失、采集箱松动、元件缺失、太阳能板松动和脱落。

④避雷器松动、脱落、击伤、脱离器断开、缺件、缺螺栓、计数器进水、计数器图文不清、计数器表面破损、计数器连线松动、计数器连线脱

落、馈线距离不足、间隙破损、支架松动、支架脱落、炸开。

⑤避雷针松动、脱落、位移、缺件。

⑥耦合地线断股、伤股、锈蚀、补修绑扎线松散、异物。

⑦防鸟设施松动、损坏、缺失。

⑧支架螺丝缺失、支架螺丝松动、支架脱落、支架缺失、灼伤、磨损、接线盒脱落、接线盒密封不良、掉线、补修绑扎线松散。

3.外部隐患

外部隐患指外部环境变化对线路的安全运行已构成某种潜在性威胁的情况，如在线路保护区内违章建房、种植树竹、堆物、取土及各种施工作业等。

①线路与地面距离与居民区距离不足、与非居民区距离不足、与交通困难地区距离不足。

②线路与山坡距离与步行可以到达的山坡距离不足、与步行不能到达的山坡距离不足。

③导线与弱电线路最小垂直距离不足。

④导线与防火防爆水平间距离不足、垂直间距离不足。

⑤线路与铁路、公路、电车道交叉或接近的基本要求水平距离不足、基本要求垂直距离不足。

⑥线路与河流、弱电线路、电力线路、管道、索道交叉或接近的基本要求水平距离不足、垂直距离不足。

⑦线路与建筑物距离水平距离不足、垂直距离不足。

⑧线路与林区间距离导线在最大弧垂时与树木间安全距离不足，导线在最大风偏时与树木间安全距离不足，导线与果树、经济作物、城市绿化灌木及街道树之间的最小垂直距离不足。

⑨线路与树木间距离水平距离不足、垂直距离不足。

项目五　无人机管理规定

一、培训目标

①能够准确描述无人机法规的地位。
②能够深入了解无人航空器法规的特性。
③能清晰无人机法规的分类。
④具有利用网络等资源,进一步获取无人机管理新知识的能力。

二、实施方法

通过举例介绍学习无人机法律法规知识的重要性,进而推出作为无人机专业学生应具备的专业素质,以及教学内容等。了解无人机法律法规知识的相关知识;培养法律法规学习兴趣。知道哪些运行无人机的行为是违法的,哪些行为是合法的。

三、无人机法规简介

目前,世界各主要国家尽管发展方向和发展程度各异,但无不积极研制开发无人机,在进一步发展其军事用途的同时又扩展到民用领域。但是,民用无人机的发展尚面临一系列技术和法律层面的问题。人们目前面临一个难题:是专门制定针对无人机操作平台的新法律,还是沿用已有的航空条款?通过各种论证,大多数人赞同的是沿用已有的航空条款。考虑到起草专门针对无人机的条款需要好几年的时间,所以,沿用现有法律条款来规范无人机市场更具可行性。随着无人机民用化应用领域的开发，我国在无人机法律法规的制定方面已有了长足的进步，颁布实施了有关无人机飞行、人员培训、证照颁发、空域管理、培训资格管理和运行管理等一系列的规章制度，为无人机行业的有序发展提供了制度保障。

（一）无人机法规的地位

民用无人机法律法规是无人机应用的法律保障基础，使无人机飞行、作业等有法可依。相关部门依据《中华人民共和国民用航空法》《中华人民共和国飞行基本规则》《中国民用航空空中交通管制工作规则》《通用航空飞行管制条例》等制定了无人机相关法规，如由国务院下设中国民用航空局的相关部门根据民用无人机的发展状况制定的相关规定与办法，中国民用航空局委托"中国私用航空器拥有者及驾驶员协会（AOPA）"制定的相关规则以及中国（深圳）无人机产业联盟（UAVIA）制定的联盟标准等，共同构筑了生产制造、适航审定、运行管理、人员训练、人员管理、证照管理等无人机的法制基础。

（二）无人机法规的作用

汽车的行驶要遵守规则，各行其道，听从指挥，否则轻者造成交通拥堵，重者发生交通事故甚至车毁人亡，可见遵守规则的重要性。无人机也一样，要遵守无人机的相关法规。无人机的无序飞行曾经多次造成延误航班、干扰通信、损坏财物、误伤人员等事故，造成了不可估量的损失。当前，我国政府为保证无人机的飞行安全，使之能够安全飞行，有序作业，制定了多部相关规定、办法，对无人机的飞行进行有序管理。这些规定、办法说明了针对无人机为什么要进行飞行管制、依据什么进行管制、如何进行管制等方面的内容，规定了什么样的无人机在什么情况下飞行必须要进行空域申请，在什么情况下必须得到相关航管部门批准后才能飞行，规范了无人机的有序运行。

（三）无人机法规的特性

1. 独立性

无人机法规的独立性是指无人机的法规自成一类，形成一个独立的法律体系。无人机的相关法规仅适用于民用无人机的生产、适航、运行和人员管理等，不适用于有人航空器及国家和军事航空器。当然，独立性是在继承基础上的独立，是在联系基础上的独立，没有联系与继承的独立是不存在的。民用无人机的相关法律、规章来源于民用航空法及其相关的规章制度，具有一定的继承性和从属性。例如，《低空空域管理使用规定》参考《中华人民共和国民用航空法》《中华人民共和国飞行基本规则》《通用航空飞行管制条例》以及军方的相关管理规定制定。同时，民用无人机的空域管理又有其独有属性，其管理的空域是真高1000m以下的区域，并且根据情况不同按照"管制空域""监视空域""报告空域""目视飞行航线"等进行了分类，所以，无人机的法律法规具有独立性。

2. 综合性

综合性是指将不同部分、不同事务的属性合并成为一个整体的特性。无人机法规是调整无人机生产、运营及其相关领域中产生的社会关系的各种法律手段，这些手段纵横交错，法律调整方法多种多样。无人机法规的综合性主要体现在涉及的法律既有民用航空的相关法律法规，还有宪法、气象法、国家安全法、民法、刑法、治安条例等方面的内容，涉及社会关系的方方面面，因此，无人机的相关法律具有将相关法规进行融合的综合性。

3. 平时性

平时性是指无人机的相关法规仅用于调整和平时期民用无人航空活动及其相关领域产生的社会关系，如果遇战争或国家处于紧急状态，民用无人航空则要受到战时法令或紧急状态下的非常法的约束。

4. 国际性

国际性体现在法律法规来源具有国际性。由于民用无人机在全球范围内发展迅速,国际民航组织已经开始为无人机系统制定标准和建议措施(SARPS)、空中航行服务程序(PANS)和指导材料,并且多个国家发布了管理规定。我国无人机法律法规的制定既参照了其他国家或国际组织的相关条文,如美国联邦航空管理局(FAA)颁布的107部规章等,也结合了相关的判例等,因此,无人机法律法规具有一定的国际性。

四、主要法规介绍

(一)民用无人机驾驶员管理规定

1.实施无人机系统驾驶员管理的行业协会须具备以下条件:

①正式注册五年以上的全国性行业协会,并具有行业相关性。

②设立了专门的无人机管理机构。

③建立了可发展完善的理论知识评估方法,可以测评人员的理论水平。

(4)建立了可发展完善的安全操作技能评估方法,可以评估人员的操控、指挥和管理技能。

(5)建立了驾驶员考试体系和标准化考试流程,可实现驾驶员训练、考试全流程电子化实时监测。

(6)建立了驾驶员管理体系,可以统计和管理驾驶员在持证期间的运行和培训的飞行经历、违章处罚等记录。

(7)已经在民航局备案。

2.行业协会对申请人实施考核后签发训练合格证,在第5条第(2)款所述情况下运行的无人机系统中担任驾驶员,必须持有该合格证。

3.训练合格证应定期更新,更新时应对新的法规要求、新的知识和驾驶技术等内容实施必要的培训,如需要,应进行考核。

4.行业协会每6个月向局方提交报告,内容包括训练情况、技术进步情况、遇到的困难和问题、事故和事故征候、训练合格证统计信息等。

5.局方对无人机系统驾驶员的管理

（1）执照要求：

①在融合空域3000m以下运行的Ⅺ类无人机驾驶员，应至少持有运动或私用驾驶员执照，并带有相似的类别等级（如适用）。

②在融合空域3000m以上运行的Ⅺ类无人机驾驶员，应至少持有带有飞机或直升机等级的商用驾驶员执照。

③在融合空域运行的Ⅻ类无人机驾驶员，应至少持有带有飞机或直升机等级的商用驾驶员执照和仪表等级。

④在融合空域运行的Ⅻ类无人机机长，应至少持有航线运输驾驶员执照。

（2）驾驶员执照信息

对于完成训练并考试合格人员，在其驾驶员执照上签注如下信息：无人机型号；无人机类型；职位，包括机长、副驾驶。

（3）熟练检查

驾驶员应对每个签注的无人机类型接受熟练检查，该检查每12个月进行一次。

（4）体检合格证

持有驾驶员执照的无人机驾驶员必须持有按中国民用航空规章《民用航空人员体检合格证管理规则》（CCAR-67FS）颁发的有效体检合格证，并且在行使驾驶员执照权利时随身携带该合格证。

（二）民用无人驾驶航空器系统空中交通管理办法

第一章　总则

第一条　为了加强对民用无人驾驶航空器飞行活动的管理，规范其空中交通管理工作，依据《中华人民共和国民用航空法》、《中华人民共和国飞行基本规则》、《通用航空飞行管制条例》和《民用航空空中交通管理规则》，制定本办法。

第二条　本办法适用于依法在航路航线、进近（终端）和机场管制地带等民用航空使用空域范围内或者对以上空域内运行存在影响的民用无人驾驶航空器系统活动的空中交通管理工作。

第三条　民航局指导监督全国民用无人驾驶航空器系统空中交通管理工作，地区管理局负责本辖区内民用无人驾驶航空器系统空中交通服务的监督和管理工作。空管单位向其管制空域内的民用无人驾驶航空器系统提供空中交通服务。

第四条　民用无人驾驶航空器仅允许在隔离空域内飞行。民用无人驾驶航空器在隔离空域内飞行，由组织单位和个人负责实施，并对其安全负责。多个主体同时在同一空域范围内开展民用无人驾驶航空器飞行活动的，应当明确一个活动组织者，并对隔离空域内民用无人驾驶航空器飞行活动安全负责。

第二章　评估管理

第五条　在本办法第二条规定的民用航空使用空域范围内开展民用无人驾驶航空器系统飞行活动，除满足以下全部条件的情况外，应通过地区管理局评审：

（一）机场净空保护区以外。

（二）民用无人驾驶航空器最大起飞重量小于或等于7千克。

（三）在视距内飞行，且天气条件不影响持续可见无人驾驶航空器。

（四）在昼间飞行。

（五）飞行速度不大于120千米/小时。

（六）民用无人驾驶航空器符合适航管理相关要求。

（七）驾驶员符合相关资质要求。

（八）在进行飞行前驾驶员完成对民用无人驾驶航空器系统的检查。

（九）不得对飞行活动以外的其他方面造成影响，包括地面人员、设施、环境安全和社会治安等。

（十）运营人应确保其飞行活动持续符合以上条件。

第六条 民用无人驾驶航空器系统飞行活动需要评审时，由运营人会同空管单位提出使用空域，对空域内的运行安全进行评估并形成评估报告。地区管理局对评估报告进行审查或评审，出具结论意见。

第七条 民用无人驾驶航空器在空域内运行应当符合国家和民航有关规定，经评估满足空域运行安全的要求。评估应当至少包括以下内容：

（一）民用无人驾驶航空器系统情况，包括民用无人驾驶航空器系统基本情况、国籍登记、适航证件（特殊适航证、标准适航证和特许飞行证等）、无线电台及使用频率情况。

（二）驾驶员、观测员的基本信息和执照情况。

（三）民用无人驾驶航空器系统运营人基本信息。

（四）民用无人驾驶航空器的飞行性能，包括：飞行速度、典型和最大爬升率、典型和最大下降率、典型和最大转弯率、其他有关性能数据（例如大风、结冰、降水限制）、航空器最大续航能力、起飞和着陆要求。

（五）民用无人驾驶航空器系统活动计划，包括：飞行活动类型或目的、飞行规则（目视或仪表飞行）、操控方式（视距内或超视距，无线电视距内或超无线电视距等）、预定的飞行日期、起飞地点、降落地点、巡航速度、巡航高度、飞行路线和空域、飞行时间和次数。

（六）空管保障措施，包括：使用空域范围和时间、管制程序、间隔要求、协调通报程序、应急预案等。

（七）民用无人驾驶航空器系统的通信、导航和监视设备和能力，包括：民用无人驾驶航空器系统驾驶员与空管单位通信的设备和性能、民用无人驾驶航空器系统的指挥与控制链路及其性能参数和覆盖范围、驾驶员和观测员之间的通信设备和性能、民用无人驾驶航空器系统导航和监视设备及性能。

（八）民用无人驾驶航空器系统的感知与避让能力。

（九）民用无人驾驶航空器系统故障时的紧急程序，特别是与空管单位的通信故障、指挥与控制链路故障、驾驶员与观测员之间的通信故障等情况。

（十）遥控站的数量和位置以及遥控站之间的移交程序。

（十一）其他有关任务、噪声、安保、业载、保险等方面的情况。

（十二）其他风险管控措施。

第八条　按照本规定第六条需要进行评估的飞行活动，其使用的民用无人驾驶航空器系统应当为遥控驾驶航空器系统，而非自主无人驾驶航空器系统，并且能够按要求设置电子围栏。

第九条　地区管理局应当组织相关部门对评估报告进行审查，对于复杂问题可以组织专家进行评审和现场演示，并将审查或评审结论反馈给运营人和有关空管单位。

分类	空机重量（千克）	起飞全重（千克）
I	$0<W\leq1.5$	
II	$1.5<W\leq4$	$1.5<W\leq7$
III	$4<W\leq15$	$7<W\leq25$
IV	$15<W\leq116$	$25<W\leq150$
V	植保类无人机	
VI	无人飞艇	
VII	可100米之外超视距运行的I、II类无人机	

注1：实际运行中，I、II、III、IV类分类有交叉时，按照较高要求的一类分类。
注2：对于串、并列运行或者编队运行的无人机，按照总重量分类。
注3：地方政府（例如当地公安部门）对I、II类无人机重量界限低于本表规定的，以地方政府的具体要求为准。

（三）轻小无人机运行规定

1.民用无人机机长的职责和权限

①在飞行中遇有紧急情况时：

a.机长必须采取适合当时情况的应急措施。

b.在飞行中遇到需要立即处置的紧急情况时,机长可以在保证地面人员安全所需要的范围内偏离本咨询通告的任何规定。

②如果在危及地面人员安全的紧急情况下必须采取违反当地规章或程序的措施,机长必须毫不迟疑地通知有关地方当局。

③机长必须以最迅速的方法将导致人员严重受伤或死亡、地面财产重大损失的任何航空器事故通知最近的民航及相关部门。

2.民用无人机驾驶员资格要求

民用无人机驾驶员应当根据其所驾驶的民用无人机的等级分类,符合咨询通告《民用无人驾驶航空器系统驾驶员管理暂行规定》(AC-61-FS-2013-20)中关于执照、合格证、等级、训练、考试、检查和航空经历等方面的要求,并依据本咨询通告运行。

(五)国内立法与发展

1.立法发展过程

我国无人机的立法经历了从无到有,从参照相关法律法规到制定专门的法律法规,再到完善有关无人机设计、生产、制造、适航管理、运行管理、人员管理与训练等方方面面的法律法规的过程,使我国的无人机法规体系不断得以完善。我国无人机的立法发展经历了萌芽时期、形成时期和完善发展时期三个阶段。

（1）萌芽时期

我国民用无人机的管理最初是依据《中华人民共和国民航法》《一般运行与飞行规则》《通用航空飞行管制条例》和《中华人民共和国飞行基本规则》等对民用气球、无人机驾驶航空器等进行管理的。随着无人机应用范围的扩大，影响民用有人驾驶航空器飞行及其他危及安全的行为不断增加，使得规范无人机飞行的有关规定不断出台，这一时期是无人机管理法律法规的萌芽时期。

（2）形成时期

随着无人机行业的发展，为促进无人机飞行的有序进行和无人机行业的健康发展，从2009年开始，中国民用航空局陆续颁布了《民用无人机空中交通管理办法》《关于民用无人机管理有关问题的暂行规定》《民用无人机适航管理工作会议纪要》《民用无人机驾驶员管理暂行规定》《低空空域使用管理规定》《通用航空飞行任务审批与管理规定》《民用无人机驾驶员管理规定》《民用无人机空中交通管理办法》《民用无人机驾驶员训练机构合格审定规则（暂行）》《民用无人机驾驶员训练机构合格审定规则》等规章规则，形成了对无人机的飞行、空域管理、人员培训、培训资格等方面进行规范的一系列规章制度体系。

（3）完善发展时期

《中华人民共和国空域管理条例（征求意见稿）》主要针对民用无人机。规定内容将包括飞行计划如何申报，申报应具备哪些条件，以及在哪些空域可以飞行等。与此同时，工业和信息化部也正在研究民用无人机企业的准入问题。关于具体内容该如何规定，行业内和法律界争议均较大。尽管困难很大，但是面对民用无人机已经在网络上热卖、民用无人机的投资和研发越来越多的形势，出台正式、明确的民用无人机监管规定迫在眉睫。这不仅是一个法律问题，更是一个安全问题。只有在我国民用无人机适航管理不断完善、适航管理要求和技术标准逐步健全、市场化运营管理合法规范的前提下，航空安全与公众利益才能得到更好的保障，我国民用无人机产业才能进入健康、快速的发展轨道。

中国民用航空局飞行标准司2018年8月颁布了《民用无人机驾驶员管理规定》，《民用无人机驾驶员训练机构合格审定规则》于2018年3月29日进行了第四次修订，使得对训练机构、驾驶人员的管理有了法规依据，但作为法律体系还有待进一步完善。有关民用无人机的法律规定，应该至少涵盖以下内容：

适用范围：规定适用哪些类型的无人机，例如，空机重量小于等于116千克、起飞全重不大于150千克的无人机，或者起飞全重不超过5700千克，距地面高度不超过15米的植保类无人机等。

飞行管制：规定了飞行管制部门的职责和权力，如负责对通用航空飞行活动实施管理，提供空中交通管制服务。

驾驶员资格：对无人机驾驶员的资格做出了要求，例如需要取得相应的无人机驾驶证书。

飞行规则：规定了无人机的飞行规则，包括飞行前的准备，限制空域，视距内、外运行等。

无人机管理：对无人机的管理做出了规定，包括电子围栏和无人机云等方案，以及无人机云提供商的资质等。

飞行安全：为保证飞行安全，制定了相应的规定，包括飞行保障单位应当积极协调配合，做好有关服务保障工作，为通用航空飞行活动创造便利条件。

2.无人机法规与民航相关法规的关系

无人机法规与民航相关法规之间既相互联系，又相互独立。相互联系是指无人机的相关法规来源于民航相关法规，同时，无人机法规的制定又丰富了民用航空法规体系；相互独立是指其各自的适用对象不同，针对的客体不同。民用航空相关法规是母法，无人机的相关法规都是依据民用航空法、相关规则、条例等制定出来的，无人机的相关法规则是子法。《民用无人机空中交通管理办法》（MD-TM-2016-004）就是依据《中华人民共和国民用航空法》《中华人民共和国飞行基本规则》《通用航空飞行管制条例》《民用航空空中交通管理规则》的规定，参考国际民航组织10019号文件《遥控驾驶航空器系统手册》的相关要求，由民航局空管办修订而成的。

《低空空域使用管理规定》则是依据《中华人民共和国民用航空法》《中华人民共和国飞行基本规则》《通用航空飞行管制条例》等法律法规，紧密结合我国国情、军情和通用航空发展实际制定的，目的是进一步推动我国低空空域管理改革，规范低空空域管理，提高空域资源利用率，确保低空飞行安全顺畅和高效。《通用航空飞行任务审批与管理规定》是根据《通用航空飞行管制条例》制定的。根据《中华人民共和国民航法》和中国民用航空规章《民用航空人员体检合格证管理规则》，2015年12月29日，中国民用航空局飞行标准司对《民用无人机驾驶员管理暂行规定》进行修订后，出台了《轻小无人机运行规定（试行）》。为了规范民用无人机驾驶员训练机构的合格审定和管理工作，根据《中华人民共和国民用航空法》《一般运行和飞行规则》《民用无人机驾驶员管理暂行规定》制定的《民用无人机驾驶员训练机构合格审定规则（暂行）》，于2018年修订为《民用无人机驾驶员训练机构合格审定规则》。随着无人机越来越多地介入日常的经济活动，各种各样的问题会不断出现，法律法规也会随着不断完善，以适应管理需要。

第二章 初级工技能培训

项目一 温湿度计、风速仪以及电池电压检测仪的使用

一、培训目标

学员通过本项目的学习训练,能够掌握温湿度计、风速仪以及电池电压检测仪的使用方法、步骤及安全注意事项。

二、实施方法

输电作业多在户外完成,无人机巡检作业对风速、湿度大小有着严格的规定,因此,专业人员正确掌握温湿度计、风速仪和验电器的使用方法是极为重要的。

另外,随着电力设备智能化水平的不断提升,电池在实际工作中已经十分普及,开展无人机巡检作业前对电池电压进行测验是必不可少的环节,除了能够通过应用软件以及地面站直接读取智能电池电芯电压外,许多设备无法实时显示电量,而光靠外观又无法准确判断,给我们日常任务中电池的准备工作带来许多不便。本任务讲解了温湿度计、风速仪以及电池电压检测仪的使用方法、步骤及安全注意事项。

三、作业前准备

(一)材料和工器具

数字温湿度计、叶轮式风速仪、低压报警器。

（二）场地

①确保温湿度计设备本身不受外力和水浸即可。

②使用风速仪应确保良好的工作环境，应在良好的天气下进行，遇有雷雨、雷云天气，应停止检测，并撤离现场。

③电池电压检测仪尽量在室内使用。

四、危险点安全控制措施

温湿度计、风速仪以及电池电压检测仪的使用危险点分析及安全控制措施

√	危险点	安全控制措施	备注
	雷电活动或其他因素	在测量过程中，遇雷云活动或其他因素威胁作业人员安全时，应停止测量，并撤离现场	

五、作业流程及内容

（一）数字温湿度计的使用

1.仪器简介

数字温湿度计是用于测量相对湿度和温度的仪表，可以显示传感器周围空气的环境温度、露点温度和湿球温度，其实际外观如下图所示。

数字温湿度计

2.面板功能介绍

如图所示，为本仪器数字温湿度计面板。

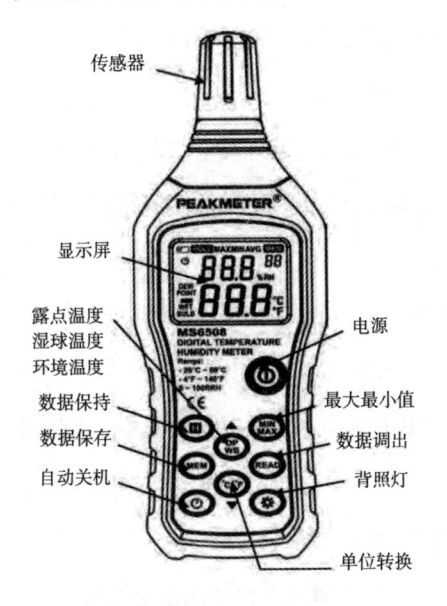

标注：传感器、显示屏、露点温度、湿球温度、环境温度、数据保持、数据保存、自动关机、电源、最大最小值、数据调出、背照灯、单位转换

数字温湿度计面板

3.显示屏功能介绍

如图所示，为本仪器数字温湿度计显示屏。

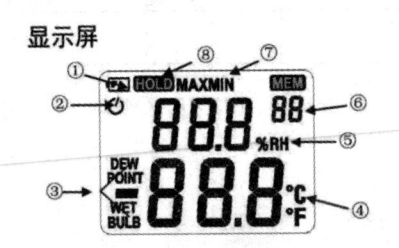

显示屏

序号	含义
①	电池电量不足。
②	自动关机使能符号。
③	显示湿球温度或露点温度。
④	温度测量单位。
⑤	相对湿度测量单位。
⑥	显示读书取自内存，内存位置编号。
⑦	显示最大读数或最小读数。
⑧	保持功能被启用。显示屏冻结当前读数。

PM6508工业级数字温湿度计显示屏

4.仪表操作

①按电源键启动本仪器。

②仪表刚到一个温湿度与之前不同的新环境是，需要等待3min，让仪表稳定，以确保测量数据准确。

③刚启动仪表，默认显示为环境温度，待仪表稳定，读数30s内无变化，即可读数，温度读数以摄氏度或华氏度显示，可按"单位转换键"更换。

④按下"CPWB键"，可切换至湿球温度，待仪表稳定，读数30s内无变化，即可读数。

⑤再次按下"CPWB键"，可切换至露点温度，待仪表稳定，读数30s内无变化，即可读数（此项不要求掌握，了解即可）。

⑥记录读数，所测数据记入表。

环境温湿度值测量记录表

序号	测量时间	测量地点	环境温度值	环境湿度值	测量日期	测量人员
1						
2						
3						

⑦测量完毕后，按电源键关机，将仪器放入仪器盒中，将仪器盒放回指定位置。

5.设量程、精度和分辨率说明

数字温湿度计的使用不宜超出量程范围，否则可能导致设备损坏。

规格

环境温度

量程：-20至60°C（-4至140°F）

精度：±1.0°C（0至45°C）

±1.5°C（-20至0°C，45至60°C）

分辨率：0.1°C/°F

更新速度：400ms

传感器类型：高精度数字传感器

相对湿度

量程：0至100%RH

精度：±3.0%RH(20%至80%)

±4.0%RH(0%至20%，80%至100%)

分辨率：0.1%

更新速度：400ms

传感器类型：高精度数字传感器

湿球温度

量程：−20至60°C（−4至140℉）

精度：±1.0°C（0至45°C）

±1.5°C（-20至0C，45至60C）

分辨率：01°C/℉

更新速度：400ms

露点温度

量程：−50 至60C（−58至140℉）

精度：±1.0°C（0至45°C）

±1.5°C（-50至0°C，45至60°C）

分辨率：0.1°C/℉

更新速度：400ms

内存：99个数据点

电源：4节AAA电池

重量/尺寸：190g（含电池）

184mmX60mmX29mm

6.数据保持功能

数字温湿度计具有数据保持功能,按下"数据保持"按键,可锁住仪表当前显示的示数。当HOLD(保持)功能被启动时,显示屏上显示"HOLD"。当要继续读取测量值时,则需再次按动"数据保持"按键。

(二)叶轮式风速仪的使用

1.仪器简介

叶轮式风速仪是一款由电池供电,用于该款仪表能记录和显示最低(MIN)、最高(MAX)和平均(AVG)风速、风量和风温读数,其实际外观如图所示。

F925叶轮式风速仪

2.面板功能介绍

如图所示,为本仪器面板功能指示。

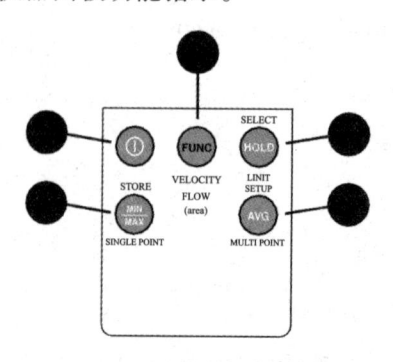

F925叶轮式风速仪面板

①ON/OFF（开/关）——启动和关闭仪表。

②FUNC（功能）——在风速、有效截面和风量之间变换。

③HOLD（保持）——捕获读数，将数位设为目标值。

④MINMAX（最小值/最大值）——查看最大值或最小值，平均值或记录值。

⑤AVG（平均）——显示所有测量值的平均值，选择下一个数位进行编辑。

3.显示屏功能介绍

如图所示，为本仪器显示屏功能指示。

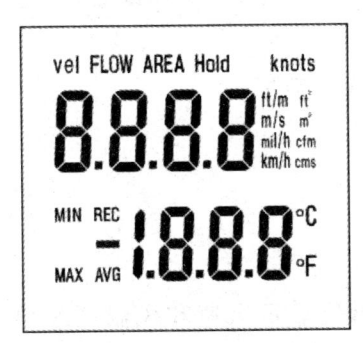

F925叶轮式风速仪显示屏

显示屏指示符

Vel——风速测量

FLOW——空气流量/风量

AREA——有效截面默认设置

Hold——锁定读数

Knots——节，1850米/小时

ft/m——英尺/分

ft^2——平方英尺

m/s——米/秒

m^2——平方米

mil/h——英里/小时

cfm——立方英尺/分

km/h——公里/小时

cms——立方米/秒

主显示——以数字形式显示风速、风量和有效截面数位

℃——摄氏度单位

℉——华氏度单位

辅助显示——温度显示或记录编号

MIN——最小数据

MAX——最大数据

REC——记录和已保存数据

AVG——平均数据

4.仪表操作

（1）风速测量

本仪表能以下列单位显示风速和风温测量值，风速：ft/m（英尺/分）、m/s（米/秒）；风温：℉或℃。

①将传感器连接到仪表上部的传感器输入插孔。

②使用开关按钮启动仪表。

③指示符应出现在液晶显示屏的左上角。

如没有显示，则按住MODE（模式）按钮不放，直到听到一声"哔"。重复该步骤直到屏幕上显示'Vel'。

④将传感器放入要测量的气流中。

⑤查看液晶显示屏上的风速和风温读数，屏幕上方显示风速读数，屏幕下方显示风温读数。

（2）风量测量

要测量风量，必须先确定被测风道的面积（单位：ft^2或m^2）。一旦

知道面积，请按以下步骤输入值：

①用开关按钮启动仪表。

②按住 FUNC（功能）按钮不放，直到听到一声"哔"。

屏幕上显示"AREA"，并且一个数位闪烁，指示可更改此值。

③按HOLD（保持）按钮将该数位调至需要的值。

④按AVG（平均）按钮选择下一数位进行编辑。

⑤当正确输入面积值后，再按一次 MIN/MAX（最小值/最大值）按钮。将会发出一声"哔"，并且数位停止闪烁。

⑥再按一次HOLD（保持）按钮保存面积值。

⑦将传感器放入气流中，查看液晶显示屏上的风量和风温读数。

5.单点最小值/最大值/平均值记录

该款仪表能记录和显示最低值（MIN）、最高值（MAX）和平均值（AVG）风速、风量和风温读数。

①遵照有关开始风速或风量测量的详细说明执行。

②按 MIN/MAX（最小值/最大值）按钮。

屏幕上将显示 REC（记录）和AVG（平均）指示符，仪表开始记录数据。

③当测量阶段结束时（最长2小时），按住HOLD（保持）按钮，直到仪表发出一声"哔"。

④要查看MIN值（最小值）读数，按 MIN/MAX（最小值/最大值）按钮两次或直到 MIN 指示符显示，最小读数将显示在液晶显示屏上。

⑤再按一次MIN/MAX（最小值/最大值）按钮查看最大值，MAX指示符和最大读数将一同显示在液晶显示屏上。

⑥再按一次MIN/MAX（最小值/最大值）按钮查看平均值，AVG指示符和平均读数将一同显示在液晶显示屏上。

⑦要退出此模式，按住MIN/MAX（最小值/最大值）按钮，直到连续听

到两声短促的"哔"，显示屏指示符（REC、MIN、MAX、AVG）消失。

6. 多点平均值记录

仪表可获取8个独立的测量值，并自动求出它们的平均值。

①遵照有关开始风速测量的详细说明执行。

②当获取首个测量值并显示在屏幕上时，按住HOLD（保持）按钮。听到提示音时再放开按钮。

③液晶显示屏上的读数将被锁定，并且其上方将出现'HOLD'图标。

④按住 MIN/MAX（最小值/最大值）按钮不放，直到听到一声提示音再放开按钮。液晶显示屏上将短暂显示一个数字（1~8），代表当前的测量值编号。

⑤重复该过程直到获取最多8个测量值。

⑥按AVG（平均）按钮显示所有测量值的平均值。

⑦要显示平均风量，按FUNC（功能）按钮输入面积，然后再按一次FUNC按钮选择风量。

⑧要退出此模式并清除所有保存的读数，按住AVG（平均）按钮不放，直到听到两声"哔"。要退出但不清除读数，按HOLD（保持）按钮。

7. 数据保持功能

①在进行测量时，按住 HOLD（保持）按钮不放，直到听到一声"哔"即可锁定当前显示的读数。

②当显示屏处于该模式时，液晶显示屏上显示HOLD指示符。

③按住HOLD（保持）按钮不放，直到听到一声"哔"即退出该模式。

8. 变换测量单位

美制测量单位包括°F、ft/m（英尺/分）、和CFM（英尺^3/分）。

公制单位包括：°C、m/s（米/秒）和CMS（米³/秒）。

①同时按住和AVG（平均）按钮不放启动仪表。先放开按钮，然后再放开AVG按钮，测量单位将显示在液晶显示屏上。

②按HOLD（保持）按钮选择Metric（公制），按AVG（平均）按钮选择U.S（美制）。

③按MIN/MAX（最小值/最大值）按钮，液晶显示屏将出现"S"字样。

④按HOLD按钮前进到下一选择。

⑤PC接口模型的波特率将出现（1200或2400）。

如有必要，按HOLD（1200）或AVG（2400）按钮选择波特率。

要返回正常操作，再按一次MIN/MAX（最小值/最大值）按钮（"S"将再次出现），然后按住HOLD（保持）按钮直到听到一声"哔"。

9.自动关机

F925叶轮式风速仪在无操作20min后自动关机，以节省电池电量。按住电源和HOLD（保持）按钮禁用自动关机功能。

10.仪器量程

（1）风速测量

叶轮式风速仪的风速测量量程

单位	量程	分辨率	精度
m/s（米/秒）	0.40 至 25.00 m/s	0.01 m/s	满刻度的±2%
ft/m（英尺/分）	80 至 4 900 ft/m	1 ft/m	满刻度的±2%

（2）风量测量

叶轮式风速仪的风量测量量程

单位	量程	分辨率	面积
CMS（米³/秒）	0.01 至 99.99 m³/s	0.01	0 至 9.999 m²
CFM（英尺³/分）	1 至 9999 ft³/m	1.0	0 至 9.999 ft²

（3）风温测量

叶轮式风速仪的风温测量量程

量程	分辨率	精度
0℃至50℃（32℉至122℉）	0.1℃/℉	±0.8℃（1.5℉）

（三）低压报警器的使用

1.仪器简介

低压报警器是一款电压显示器，用于锂电池检测，自动检测锂电池每个电芯的电压和总电压，支持反向连接保护，其实际外观如图所示。

哔哔响低压报警器

2.使用方法

低压报警器可以在无人机飞行的过程中，或者在无人机闲置状态下随时监测电池电量，只需将其插到电池平衡充接头处即可。

3.操作流程

①将电池平衡充电头的黑线对准正面左边第一根针，显示屏就会亮起。

②先显示电池的总电压。

③然后显示每片电池的单片电压，有几片就会单独依次显示几个数值，每个数值停留约3s钟。

④长按报警器后面的黑色按钮即可设置低压报警值，屏幕数字闪烁后，继续按动黑色按钮，即可实现数值调节。大多数锂电池宜设置为

3.7V，具体按工作性质和工作环境自行确定。

⑤设置成功后，当检测电池的电压水平低于设置值后，蜂鸣器便会触发报警，发出警告音，同时红色的LED灯会闪烁，以此防止电池过放。

4.产品参数

①用于锂电池检测。

②电压检测精度：±0.01V。

③组电压显示范围：0.5V～4.5V。

④总电压显示范围：0.5V～36V。

⑤1S测试模式电压范围：3.7V～30V。

⑥低电压蜂鸣器报警模式2S～8S。

⑦报警电压设定范围：OFF～2.7～3.8V。

⑧尺寸：40毫米×25毫米×11毫米。

⑨超级响亮报警声（采用特殊的频率，即使在嘈杂的环境也能听到报警声）。

⑩重量：9g。

项目二　多旋翼无人机起降

一、培训目标

能够掌握无人机起降的方法、步骤和安全注意事项；能够独立完成无人机起降操作；能够在1m×1m的起降场地完成多旋翼无人机的起飞停和降落操作，降落不得超出起降场地。

二、实施方法

无人机事故多发生在起降阶段，无人机起降的训练作为无人机操作的基础是必要的培训和练习项目。起飞和降落是无人机飞行过程中首要的操作，虽然简单但也不能忽视其重要性。

（一）起飞过程

远离无人机，解锁飞控，缓慢推动油门等待无人机起飞，这就是起飞的操作步骤。推动油门一定要缓慢，即使已经推动一点距离，电机还没有启动也要慢慢来。这样可以防止由于油门过大而无法控制飞行器。在无人机起飞后，不能保持油门不变，而是在无人机到达一定高度后，一般离地面约1m后开始减小油门，并不停地调整油门大小，使无人机在一定高度内徘徊。这是因为有时油门响应稍大无人机上升，有时稍小无人机下降，必须将油门控制才可以让无人机保证飞行的高度。

（二）降落过程

降落时，同样需要注意操作顺序：首先减小油门，飞行器缓慢地接近地面，离地面在5～10cm处稍稍推动油门，降低下降速度；然后再次减小油门直至无人机触地（触底后不得推动油门），油门降到最低，锁定飞控。相对于起飞来说，降落是一个更为复杂的过程，操作手需要反复练习。在起飞和降落的操作中，操作手还需要注意保证无人机的稳定，飞行器的摆动幅度不可过大，否则在降落和起飞时，有打坏螺旋桨的可能。

三、作业前准备

（一）材料和工器具

多旋翼无人机、遥控器、测电器、安全帽。

（二）场地

①无人机训练场地。

②确保良好的工作环境，应在良好的天气下进行，遇有雷雨、雷云天气，应停止操作，并撤离现场。

四、危险点分析及安全控制措施

√	序号	危险点	安全控制措施	备注
	1	设备损坏	使用的无人机巡检系统应通过试验检测。作业时，应严格遵守相关技术规程要求，严格按照所用机型要求进行操作	
			现场应携带所用无人机巡检系统飞行履历表、操作手册、简单故障排查手册和维修手册	
	2	无人机失控	工作地点、起降点及起降航线上应避免无关人员干扰，必要时可设置安全警示区	
			现场禁止使用可能对无人机巡检系统通信线路造成干扰的电子设备	

续表

√	序号	危险点	安全控制措施	备注
	3	火灾隐患	带至现场的油料应单独存放,并派专人看守。作业现场严禁吸烟和出现明火,并做好灭火等安全防护措施	
			加油及放油应在无人机巡检系统下电机、发动机熄火、旋翼或螺旋桨停止旋转以后进行	
			操作人员应使用防静电手套,作业点附近应准备灭火器	
			禁止使用过放电鼓包的电池,并防止电池高处坠落受尖锐物体打击发生自燃	
	4	人身伤害	在起飞和降落时,现场所有人员应与无人机巡检系统始终保持足够的安全距离,作业人员不得位于起飞和降落航线下	
			操作作业现场所有人员均应正确佩戴安全帽和穿戴个人防护用品,正确使用安全工器具和劳动防护用品	
			现场作业人员均应穿长袖棉质服装	
	5	其他	工作前8h及工作过程中,工作人员不应饮用任何酒精类饮品	
			工作时,工作班成员禁止使用手机;除必要的对外联系外,现场操作人员不得使用手机	
			现场不得进行与作业无关的活动	

五、作业流程及内容

(一)飞行前的检查

飞行前调试流程必须做到位,不得忽略调试流程的任何一个细节。工作人员在操作无人机飞行前应对无人机的各个部件做相应的检查,无人机的任何一个小问题都有可能导致在飞行过程中出现事故或损坏。因此,在飞行前应该做充足的检查,防止意外发生。

1.外观机械部分

①上电前应先检查机械部分相关零部件的外观,检查螺旋桨是否完好,表面是否有污渍和裂纹等(如有损坏应更换新螺旋桨,以防止在飞行中飞机震动太大导致意外),检查螺旋桨旋向是否正确,安装是否紧固,用手转动螺旋桨查看旋转是否有干涉等。

②检查电机安装是否紧固,有无松动等现象(如发现电机安装不紧固应停止飞行,使用相应工具将电机安装固定好)用手转劢电机查看电机旋转是否有卡涩现象,电机线圈内部是否干净,电机轴有无明显的弯曲。

③检查机架是否安装牢固,螺丝有无松动现象。

④检查药箱转动是否有漏水口,药箱固定座是否安装牢固。

⑤检查飞行器电池安装是否正确,电池电量是否充足。

⑥检查飞行器的重心位置是否正确。

2.电子部分

①检查各个接头是否紧密,插头不焊接部分是否有松动、虚焊、接触不良等现象(杜邦线、XT60、T插头、香蕉头等)。

②检查各电线外皮是否完好,有无刮擦脱皮等现象。

③检查电子设备是否安装牢固,应保证电子设备清洁、完整,并做好一些防护(如防水、防尘等)。

④检查电子罗盘指向是否和飞行器机头指向一致。

⑤检查电池有无破损、鼓包胀气、漏液等现象。

⑥检查地面站屏幕触屏是否良好,各界面操作是否正常。

3.上电后的检查

①上电后,地面站与飞机进行配对,点击地面站设置里的配对前,先插电源负极,点击配对插上正极,地面站显示配对即可。

②电池接插时要注意是串联电路还是并联电路,以免差错,导致电池烧坏或者是飞控烧坏。

③配对成功以后，先不装桨叶，解锁轻微推动油门，观察各个电机是否旋转正常。

④检查电调指示音是否正确，LED指示灯闪烁是否正常。

⑤检查各电子设备有无异常情况（如异常震动、声音、发热等）。

⑥确保电机运转正常后，可进行磁罗盘的校准，点击地面站上的磁罗盘校准，校准方法见飞机使用教程。

⑦打开地面站，检查手柄设置是否为美国手，检查超声波是否禁用，飞机的参数设置是否符合要求。

⑧调试完成后，将喷杆安装在飞机左、右两侧，插紧导管，通电测试喷洒系统是否运转正常。

⑨测试飞行，以及航线的试飞，观察飞机在走航线的过程中是否需要对规划好的航线进行修改。

⑩在试飞过程中，务必提前观察飞机运行灯的状态，以及地面站所显示的GPS星数，及时做出预判。

⑪飞行的遥控距离为飞机左、右两侧6～7m，避免站在飞机机尾的正后方。

⑫飞机断电加水、加药，通电测试喷头是否出水、出药。

⑬完成以后，根据当天天气情况和风速，通电让GPS适应当前气象情况，以便飞机在作业时适应天气完美飞行。

⑭在起飞前，必须确定GPS星数达到7或7颗以上（不同类型无人机搜星数不同，以无人机自检合格为标准，大疆系列无人机一般为10～12颗）以及周边情况后，方可起飞作业。

（二）起飞

①操控手确认遥控器开启且飞行模式处于手动模式，油门拉到最低，所有开关开到关闭后，开启无人机电子设备。在确认遥控器连接正常后，

操控手拨动遥控器模式开关确认飞行模式（手动、增稳、和定位模式）切换是否正常，这期间程控手注意地面站上显示的无人机数据是否正常，卫星定位质量是否满足要求（不少于7颗卫星定位）。确认全部正常后，启动动力系统。

②启动动力系统后，操控手应先在手动模式下小幅度拨动摇杆，确认无人机响应正常后；再切换达到增稳模式，逐渐推高油门，控制飞机平稳起飞。

③无人机升至低空后，确认定位悬停姿态正常，并拨动摇杆及功能开关，确认无人机响应正常，同时观察无人机有无异响或震动等异常情况，并向工作负责人汇报起飞完毕。

④根据现场环境，由操控手操控无人机保持平稳姿态。

⑤整个起飞过程应在确保安全、稳定的前提下，果断训读操控无人机离开地面并垂直升至无障碍物的低空，避免地面气流、杂物及周围障碍物对无人机造成影响。

（三）飞行过程中

①飞手必须时刻关注飞行器的姿态、飞行时间、飞行器位置等重要信息。

②远距离飞行时，通过对讲机要求安全员实时汇报，飞机的实时状态。

③演示作业如有客户或围观群众，须要求他们距离飞机达10～15m，不得靠近，如有靠近，飞机不得起飞，保证安全。

④必须确保飞行器有足够的电量能够安全返航。

⑤若进行超视距飞行，则必须密切监视地面站中显示的飞行器姿态、高度、速度、电池电压、GPS卫星数量等重要信息。

⑥起飞后，必须一直关注飞机的飞行状态，实时掌握飞机的飞行数

据，确保飞行时飞行各项数据指标完好。

⑦若飞行器发生较大故障不可避免地发生坠机时，则必须确保人员安全。

（四）飞行降落后

①在飞行器飞行结束降落后，必须确保遥控器已加锁，切断飞机电源。

②在飞行完成后，检查电池电量，检查飞行器外观，检查机载设备。

③在作业完成后，先关闭无人机电源，再关闭遥控器电源，整理设备，撤离作业现场。

项目三　多旋翼360°原地自旋

一、培训目标

能够掌握多旋翼无人机水平360°原地自旋；能够完成多旋翼无人机水平360°原地旋转，水平偏差不得大于50cm，垂直偏差不得大于50cm。

二、实施方法

无人机自旋360°是无人机操作的最基础的项目，也是无人机技能提升、实际操作取证考核必不可少的环节之一。想要进一步操作好无人机，要打好自旋这一基础。自旋360°的练习可以分解为4个方位或者8个方位的原地悬停练习，从最简单的对尾练习开始，把每个方位的悬停练习好，最后连接到一起，形成空中的360°自旋。形成大脑的条件反射和肌肉记忆是飞好自旋的关键，练习比较枯燥，但是基本功尤其重要，练习好这一步骤才能为接下来的飞行打下良好的基础。我们将利用多旋翼无人机（四轴或者六轴）完成360°自旋操作。

三、作业前准备

（一）材料和工器具

多旋翼飞行器1架，遥控器1台，螺旋桨4对，智能飞行电池1个，锥筒1个。

（二）场地

①无人机训练场地保证空旷无障碍物，无电磁干扰。

②确保良好的工作环境，应在良好的天气下进行，遇有雷雨、雷云天气，应停止操作，并撤离现场。

四、危险点分析及安全控制措施

√	序号	危险点	安全控制措施	备注
	1	设备损坏	使用的无人机巡检系统应通过试验检测。作业时，应严格遵守相关技术规程要求，严格按照所用机型要求进行操作	
			现场应携带所用无人机巡检系统飞行履历表、操作手册、简单故障排查和维修手册	
	2	无人机失控	工作地点、起降点及起降航线上应避免无关人员干扰，必要时可设置安全警示区	
			现场禁止使用可能对无人机巡检系统通信链路造成干扰的电子设备	
	3	火灾隐患	带至现场的油料应单独存放，并派专人看守作业现场，严禁吸烟和出现明火，并做好灭火等安全防护措施	
			加油及放油应在无人机巡检系统下电、发动机熄火、旋翼或螺旋桨停止旋转以后进行，操作人员	
			应使用防静电手套，作业点附近应准备灭火器	
			禁止使用过放电鼓包的电池，并防止电池高处坠落受尖锐物体打击发生自燃	
	4	人身伤害	起飞和降落时，现场所有人员应与无人机巡检系统始终保持足够的安全距离，作业人员不得位于起飞和降落航线下	
			自旋过程中任何人员不得进入飞行区域，以免发生螺旋桨伤人事件	
			操作作业现场所有人员应正确佩戴安全帽和穿戴个人防护用品，正确使用安全工器具和劳动防护用品	
			现场作业人员均应穿戴长袖棉质服装	

续表

√	序号	危险点	安全控制措施	备注
	5	其他	工作前8h及工作过程中不应饮用任何酒精类饮品	
			工作时，工作班成员禁止使用手机。除必要的对外联系外，现场操作人员不得使用手机	
			现场不得进行与作业无关的活动	
			飞行结束后要向现场负责人进行汇报，听到指令后方可降落	

五、作业流程及内容

（一）飞行准备

无人机在使用过程中一定要注意在起飞前反复检查各项准备工作是否到位，如紧固件是否牢固、螺旋桨有无损坏、电机运转是否顺畅等一系列因素。飞行前，检查遥控器电压、是否处于发射信号状态、地面站电压是否支持飞行、飞机是否处于接收信号状态。打开遥控器前，要注意，天线一定要处于有利飞行位置，功能开关处于关闭状态，油门位置要收到最低。然后，设置遥控器通道，设置好后选择正确的模型类型，检查发射端发射制式，还有失控保护。在确认飞行空域是否安全，起飞前确认作业范围内没有无关人员，多旋翼距离飞手5m以上安全距离后，用地面站确定飞机各项系数是否正常，GPS星数达到起飞要求后再解锁起飞，若起飞后飞机有明显的晃动，则在地面站上调整飞机的电机平衡性和震动系数，并再次检查螺旋桨是否安装正确。操作手应放松心态，冷静，打舵量要柔和，尽量慢一点操作，循序渐进，给自己留有反应的时间。

（二）具体操作

水平360°飞行器空中保持高度，定点悬停，机头以飞行器中心为轴心原地自转1圈。具体操作方法：

1. 对尾悬停

无人机尾部朝向操作手,升空完成悬停,尽量保持在定点不跑。这是最基本的操作,99%的操作手都从该项开始无人机飞行。使无人机机尾部朝向自己,能够以第一人称视角最直观的方式操控无人机,降低由于视觉方位给操控带来的难度。对尾悬停可在初期锻炼操作手在操控上的基本反射,熟悉飞机在俯仰、滚转、方向和油门上的操控。完成对尾悬停练习,能够保持30s以上。

要领:尽量保持定点悬停,控制无人机基本不动或尽量保持在很小的范围内漂移。培养在飞机在有偏移的趋势时就能给予纠正的能力,这对后面的飞行至关重要。切忌盲目自我满足,认为能控制住飞机不掉落就是成功了,飞机摇摆过大也不及时纠正,这样会对以后的飞行造成较大困难。虽然枯燥,但调整对尾悬停非常重要,现在的无人机以大疆为例,没有纯手动模式,在P挡模式下的悬停由于无人机的飞控参与不需要手动操作,切换到A挡仍然为定高模式,建议用训练机来练习。

2. 侧位悬停(对左或对右)

无人机升空后,相对于操控手而言,机头向左(左侧位)或向右(右侧位),完成定点悬停。

这是对尾悬停过关后,首先要突破的一个科目。侧位悬停能够极大地增强操控手对飞机姿态的判断感觉,尤其是远近的距离感。对于一个新手来说,直接练习侧位悬停的风险很大,因为飞机横侧方向的倾斜不好判断。可以从45°斜侧位对尾悬停开始练习,这样可以在方位感觉上借助对尾悬停继承下来的条件反射。当斜侧位对尾完成后,逐渐将飞机转入正侧位悬停,会觉得较容易完成。需要指出的是,一般人都有一个侧位是自己习惯的方位(左侧位或右侧位),这是正常的。但不要只飞自己习惯的侧位,一定要左右侧位都练习,直到将两个侧位在感觉上都熟悉为止。侧位悬停的难度要比对尾悬停高,可认为4级风下保持3m直径的球空间内完成

15s以上的定点悬停，就是过关。

3. 对头悬停

无人机升空后，相对于操控手而言，机头朝向操控手，完成定点悬停。虽然完成侧位悬停后，理论上可以进行小航线飞行，但仍建议先将对头悬停练习好。对于新手而言，对头悬停是异常困难的，因为除了油门以外，其他方向的控制对于操作手的方位感觉来说，跟对尾悬停相比都是相反的。尤其是前后方向的控制，推杆变成了朝向自己飞行，而拉杆才是远离。新手可以先尝试45°斜对头悬停，再逐渐转入正对头悬停，这样可以慢慢适应操控方位上的感觉，能有效减少炸机的概率。对头悬停对于航线飞行来说非常重要，好好练习，一定要把操控反射的感觉培养到位，对于今后进入自旋练习也相当有好处。把机头朝向自己有种美妙的感觉，就像是飞机在与操控手进行面对面的交流。对头悬停的过关标准与对尾悬停是一样的，努力做到在5级风下把飞机控制在2m直径的球空间内超过30s。

4. 360°自旋

把前边的动作连贯起来就是360°自旋，顺时针或者逆时针匀速的绕机体中轴线旋转1周（根据自己的习惯选择方向、最好能做到两个方向都可以熟练掌握），时间控制在10s以上，同时高度不应有变化，水平偏差不得大于50cm，垂直偏差不得大于50cm。

项目四　架空输电线路金具识别

一、培训目标

能够掌握不同金具的名称、分类和用途。

二、实施方法

金具在架空电力线路及配电装置中，主要用于支持、固定和接续裸导线、导体及绝缘子连接成串，亦用于保护导线和绝缘体。本任务通过讲解绝缘子是如何连接导线与杆塔来进行架空输电线路金具识别，我们将以220kV单联I型悬垂绝缘子组装为例。

三、作业前准备

（一）材料和工器具

直角挂板1块、球头挂环1个、8片悬式玻璃绝缘子、单联碗头1只、悬垂线夹1只、线手套、安全帽、拔销钳、棉纱等。

（二）场地

①在模拟场地进行金具组装和识别。

②确保良好的工作环境，应在良好的天气下进行，遇有雷雨、雷云天气，应停止工作，并撤离现场。

四、危险点分析及安全控制措施

架空输电线路金具识别危险点分析及安全控制措施

√	危险点	安全控制措施	备注
	物体打击	绝缘子表面应保持干燥 搬运工器具时应轻拿轻放，不准乱扔	

五、主要内容及作业流程

（一）金具的定义

升压变电所和降压变电所的配电装置中的设备与导体、导体与导线、输电线路导线自身的连接及绝缘子连接成串，导线、绝缘子自身的保护等所用附件均称为金具。

（二）金具的用途

1. 悬垂金具

这种金具主要用来悬挂导线或光缆于绝缘子或者杆塔上（多用于直线杆塔）。

2. 耐张金具

这种金具用来紧固导线终端，使其固定在耐张绝缘子串上，也可以用在地线、光缆及拉线上（多用于转角或者终端杆塔上）。

3. 连接金具

这种金具又称为挂线零件，主要用于绝缘子连接成串及金具与金具的连接。它承受机械载荷。

4. 接续金具

这种金具专用于各种裸导线、地线的接续。接续金具承担与导线相同的电气负荷及机械强度。

5.防护金具

这种金具用于保护导线、绝缘子等。如均压环、防震锤、护线条等。

6.接触金具

这种金具用于硬母线、软母线与电气设备的出线端子相连接，导线的T接及不承受力的并线连接等。

7.固定金具

这种金具用来紧固导线终端，使其固定在耐张绝缘子串上，也可以在地线、光缆和拉线上（多用于转角或者终端杆塔上）。

（三）金具的命名

1.电力金具的命名规则（DL/T 683）

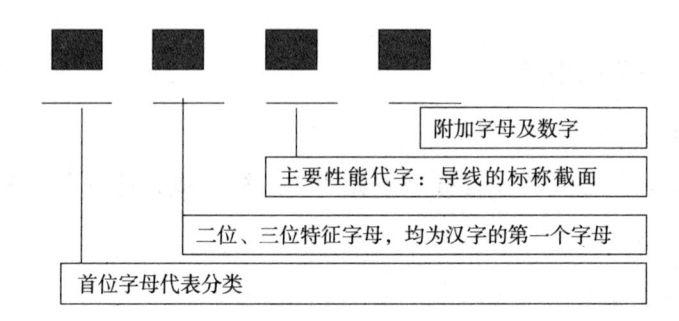

电力金具的型号标记：

- 首位字母代表分类
- 二位、三位特征字母，均为汉字的第一个字母
- 主要性能代字：导线的标称截面
- 附加字母及数字

2.首位字母含义

字母	表示类别	表示连接金具产品的名称
D		调整板
E		EB挂板
F	防护金具	
G		GD挂板
J	接续金具	

续表

字母	表示类别	表示连接金具产品的名称
L		联板
M	母线金具	
N	耐张线夹	
P		平行
Q		球头
S	设备线夹	
T	T形线夹	
U		U形
V		V形挂板
W		碗头
X	悬垂线夹	
Y		延长
Z		直角

3.附加字母

附加字母是对首位字母的补充表示，以区别不同的型式、结构、特性和用途，同一字母允许表示不同的含义。

字母	代表含义
B	板，爆压、并（沟）、变（电）、（避雷）电
C	槽（形）、垂（直）
D	倒装、单（板、联、线）、导线、搭接、镀锌、跑道
F	方形、封头、防（晕、盗、振）、覆（钢）
G	固定、过渡、管形、沟、锅、间隔垫
H	护线、环、弧、合金
J	均压、矩形、间隔、支架、加强、预绞、绝

续表

字母	代表含义
K	卡子、上扛、扩径
L	螺栓、立放、拉杆、菱形、轮形、铝
N	耐张、耐热、户内
P	平行、平面、平放、屏蔽
Q	球（绞）轻型、牵引
R	软线
S	双线、双联、三腿、伸缩、设备
T	T形、椭圆、跳线、可调
U	U形
V	V形
W	户外
X	楔形、悬垂、悬挂、下垂、修补
Y	液压、圆形、牵引
Z	组合、终端、重锤、自阻尼

4.主参数

主参数中的数字用以表述下列一种或多种组合。

①表示适用于导线的标称截面面积或直径（mm）。

②当产品适用于多个标号的导线时，为简化主参数数字，采用组合号以代表相应范围内的导线标称直径，或按不同产品型号单独设组合号。

③表示标称破坏载荷标记，按GB/T2315的规定执行。

④表示间距（mm，cm）。

⑤表示母线规格（mm，mm^2）。

⑥表示母线片数及顺序号。

⑦表示导线根数。

⑧表示圆杆的直径或长度（mm，cm）。

5.产品型号命名细则

以悬垂线夹为例。

悬垂线夹的型号标记为：

× ××× – ×/× ×

1 2　3　4 5　6

其中：

1——悬垂线夹的握力类型，G——固定型、H——滑动型、W——有限握力型。

2——回转轴中心与导线轴线间的相对位置，默认表示下垂式，K——上扛式、Z——中心回转式。

3——表征悬垂线夹防晕性能，A——普级、B——中级、C——高级、D——特级。

4——悬垂线夹标称破坏载荷，与表征数字的对应关系见表6。

5——悬垂线夹槽直径（mm）。

6——表示悬垂线夹船体材质，默认表示铝合金，K——可锻铸铁（马铁）、Q——球铁、G——铸钢。

6.让学员通过学习，填写下表

悬垂线夹命名示例表

名称	握力类型	防晕性能	标称破坏荷载（kN）	线槽直径（mm）	转动方式	船体材质
XGA-6/14K						
XWZC-20/46						

（四）安装顺序

按实际图纸按照安装次序由上至下分别写出金具名称，并进行现场绝缘子串的组装操作。

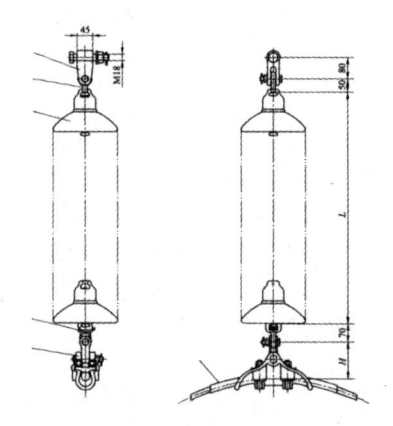

单联I型悬垂绝缘子串组装图

1. 检查绝缘子

以1片为例要求讲出检查内容。

玻璃绝缘子

2. 检查金具

以1件为例要求讲出检查内容。

连接金具

3. 组装

一组绝缘子串（从直角挂板组装至悬垂线夹止）。

4. 操作

完毕要将绝缘子串拆开，材料运回。

第三章　中级工技能培训

项目一　充电设备、卫星导航定位设备及点温枪的使用

一、培训目标

能够掌握充电设备、卫星导航定位设备、点温枪的使用。

二、实施方法

使用充电设备进行无人机电池的充放电工作；使用卫星导航定位设备进行定位和到达指定地点；使用点温枪完成无人机部件温度测试。

三、作业前准备

（一）现场准备

高温点温枪、华测手持GP、大疆电池管理站。

（二）场地

①无人机巡检杆塔附近、无人机机库。

②确保良好的工作环境，应在良好的天气下进行，遇有雷雨、雷云天气，应停止作业，并撤离现场。

四、危险点分析及安全控制措施

充电设备、卫星导航定位设备及点温枪的使用危险点分析及安全控制措施

√	序号	危险点	安全控制措施	备注
	1	高空坠物	无人机飞前应进行检查	
			正确佩戴安全帽	
			不要站在无人机正下方	
	2	雷电活动或其他因素	作业中,遇雷云在杆塔上方活动或其他因素威胁作业人员安全时,应停止作业,并撤离现场	
	3	电池爆炸	充放电时不得无人看管	
			备用灭火器	

五、作业流程及内容

(一)点温枪作业

①打开点温枪电源。

②对准测量目标扣动扳机进行测量。

③松开扳机停止测量。

④读取屏幕上的温度数值。

⑤可选择"保存菜单"保存。

⑥对于细小目标可以多次测量,取平均值更为准确。

注意事项:

①在进行测量的时候,应该要确保测量的平稳性。

②红外热成像仪在使用过程中,应该要调整一个合适的焦距。

③在测量时,应该要选择正确的测量距离。

(二)卫星导航定位设备

华测手持GPS主机下部设计有6个按键和3个指示灯。6个按键为电源键、复位键、WINDOWS键(开始键)、OK键、左功能键、右功能键;3个指示灯分别为电源指示灯（红灯）、卫星指示灯（蓝灯）、无线数据指示灯（黄灯）。

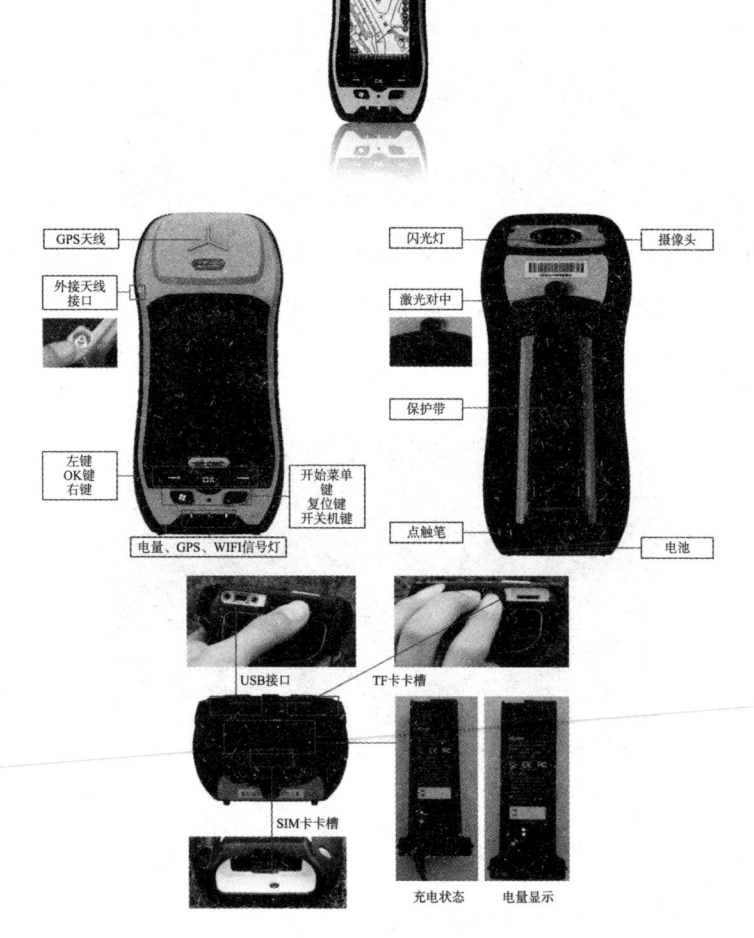

华测TL500手持GPS

①安装电池，长按电源键1s开机，此时电源指示灯亮，出现开机画面，30s后可进入操作系统。

②根据实际情况将显示屏调整到合适的亮度。

③若打开应用云图软件。

④点击定位即可读取经纬度和高程信息。

⑤长按电源键2s弹出关机对话框,可选择关机操作;也可以在出现了关机对话框后继续保持长按1s直接关机(即长按3s关机)。

(三)充电设备操作

1.充电

①使用电源线连接电池管理站。

②按下电源按键开启电池管理。

③将状态切换开关拨至左侧进入充电状态。

④拨动选择切换开关可选择普通模式或快充模式,然后按下确认按钮。

⑤智能电池插入电池接口进行充电。

2.放电

①使用电源线连接电池管理站。

②将智能电池插入电池接口。

③按下电源键开启电池管理站。

④将状态切换开关拨至右侧进入放电状态

⑤拨动选择切换开关可选择放电至25%或50%，按下确认键开始放电。

（三）锂电池日常维护保养

①检查电池外壳是否有损坏及变形，电量是否充裕，电池是否安装到位。

②检查遥控器电量是否充裕，各摇杆位置应正确，检查显示器、电量是否充裕。

③锂电池充电要按照标准时间和标准方法充电，特别不要进行超过12个小时的超长充电(充电器显示充满即可)。

④避免完全放电（低于3.7V），并且经常对锂电池充电。充电不一定非要充满，但应该每隔3～4个月，对锂电池进行1～2次完全的充满电(正常充电时间)和放完电。

⑤如果电池使用后3天内没有飞行任务，则应将单片电压充至3.80～3.90V保存。如果在3个月内没有使用电池，则应将电池充放电一次后继续保存，这样可延长电池寿命。长期不用的锂电池，应该存放在阴凉偏干燥的地方。当长期存放电池时，应将电池放在密封袋中或密封的防爆箱内，箱内应干燥、无腐蚀性气体。

⑥不要经常深放电或深充电。每经历约30个充电周期后，电量检测芯片会自动执行一次深放电和深充电，以准确评估电池的状态。

⑦请勿拆解、压碎或穿刺电池，请勿让电池外露接点短路。

⑧要避免短路。电池平衡插头要避免进入水中。另外，在电池焊线维护和运输过程中，易造成短路导致电池打火或者起火爆炸。当发现使用过一段时间后的电池出现断线的情况需要重新焊线时，特别要注意电烙铁不要同时接触电池的正极和负极。另外，在运输电池的过程中，最好的办法是将每个电池都单独套上自封袋并置于防爆箱内，防止在运输过程中，因颠簸和碰撞导致某片电池的正极和负极同时碰到其他导电物质而短路或破皮而短路。

⑨不损坏外皮。电池的外皮是防止电池爆炸和漏液起火的重要结构，锂聚电池的铝塑外皮破损将会直接导致电池起火或爆炸。电池要轻拿轻放。在飞机上固定电池时，扎带要束紧。这是因为有可能在做大动态飞行或摔机时，电池会因为扎带不紧而甩出，这样也很容易造成电池外皮破损。

⑩注意电池的保温。在北方或高海拔地区常会有低温天气出现，此时，电池如长时间在外放置，放电性能会大大降低，无人机的飞行时间会大大的缩短。在低温环境下，在起飞之前，电池要保存在温暖的环境中，如房屋内、车内、保温箱内等。当要起飞时，快速安装电池，并执行飞行任务。当在低温飞行时，尽量将时间缩短到常温状态的一半，以保证安全飞行。动力电池应统一放于防爆箱内，存放于干燥、适温环境下，要避免阳光直射。

⑪插头是无人机与电池进行连接的必备配件，其工作频率非常高，且对于整个无人机系统非常重要。插头在连接时，必须完整插入，否则将会使插头发热，影响飞行安全。长期不良习惯的插拔有可能造成插头变形，使插头外径变小，从而导致发热量迅速增加，插头熔化。

⑫若注意到下列情况之一，请更换新电池：

第一，电池运作时间，缩短到少于原始运作时间的80%。

第二，电池充电时间在大幅度延长。

第三，电池有膨胀、变形损伤的状况。

项目二　多旋翼无人机画圈飞行

一、培训目标

使用多旋翼无人机在45～90s范围内完成多旋翼无人机的水平顺时针画圈，飞行过程中，机头应始终与飞行路径保持相同，飞行速度应平缓匀速，不得出现位置较大偏差、错舵等现象；使用多旋翼无人机在45～90s范围内完成多旋翼无人机的水平逆时针画圈，飞行过程中，机头应始终与飞行路径保持相同，飞行速度应平缓匀速，不得出现位置较大偏差、错舵等现象。

二、实施方法

无人机画圈飞行为多旋翼无人机的基本操作，为"8"字飞行打下良好的基础。可以在很大程度上培养飞手在航线中对直升机方位感的适应性，又能在一个航线中将向左转弯和向右转弯同时练到，是初级航线飞行必练的科目。飞手开始可以根据自己的习惯选择在两侧转弯的方向，但最终一定要全部练到，即在左侧顺时针转弯在右侧逆时针转弯，或者在左侧逆时针转弯在右侧顺时针转弯。画圈飞行的诀窍在于：根据自己的能力控制飞机前行的速度，并在航线飞行过程中不断纠正姿态和方位，努力做到动作优美、规范。标准的画圆圈航线飞行为：左右圈飞行半径一致，整个航线飞行中飞行高度一致、速度一致。如果能在4级风下基本达到上述标准，则说明画圈飞行过关了。当慢速飞行已非常熟练时，可以尝试加快飞行速度。

三、作业前准备

（一）材料和工器具

多旋翼飞行器1架，遥控器1台，螺旋桨4对，智能飞行电池1个，锥筒4个。

（二）场地

①无人机训练场地，保证空旷无障碍物，无电磁干扰。

②确保良好的工作环境，应在良好的天气下进行，遇有雷雨、雷云天气应停止操作，并撤离现场。

四、危险点分析及安全控制措施

√	序号	危险点	安全控制措施	备注
	1	设备损坏	使用的无人机巡检系统应通过试验检测。作业时，应严格遵守相关技术规程要求，严格按照所用机型要求进行操作	
			现场应携带所用无人机巡检系统飞行履历表、操作手册、简单故障排查和维修手册	
	2	无人机失控	工作地点、起降点及起降航线上应避免无关人员干扰，必要时可设置安全警示区	
			现场禁止使用可能对无人机巡检系统通信链路造成干扰的电子设备	
	3	火灾隐患	带至现场的油料应单独存放，并派专人看守。作业现场严禁吸烟和出现明火，并做好灭火等安全防护措施	
			加油及放油应在无人机巡检系统下电、发动机熄火、旋翼或螺旋桨停止旋转以后进行，操作人员应使用防静电手套，作业点附近应准备灭火器	
			禁止使用过放电鼓包的电池，并防止电池高处坠落受尖锐物体打击发生自燃	

续表

√	序号	危险点	安全控制措施	备注
	4	人身伤害	起飞和降落时,现场所有人员应与无人机巡检系统始终保持足够的安全距离,作业人员不得位于起飞和降落航线下	
			自旋过程中任何人员不得进入飞行区域,以免发生螺旋桨伤人事件	
			操作作业现场所有人员均应正确佩戴安全帽和穿戴个人防护用品,正确使用安全工器具和劳动防护用品	
			现场作业人员均应穿戴长袖棉质服装	
	5	其他	工作前8h及工作过程中不应饮用任何酒精类饮品	
			工作时,工作班成员禁止使用手机。除必要的对外联系外,现场操作人员不得使用手机	
			工作人员现场不得进行与作业无关的活动	
			飞行结束后要向现场负责人进行汇报,听到指令后方可降落	

五、作业流程及内容

本项目主要考查操作选手对巡检作业用无人机的操控能力和娴熟程度。

①操作手在候场区将小型多旋翼无人机展开完毕,获得现场考评员指令后携带无人机进入无人机飞行场地。

②在指定起降区,将无人机设置为"增稳"模式,关闭任务设备和高度辅助模块,进行功能自检。

③获得现场考评员许可后,操作选手进入指定操作区,以增稳飞行模式控制无人机从起降区起飞至飞行起始点(飞行路径可任意选择),并调整高度至指定高度范围内(起始点指定高度范围为2~3m)后稳定悬停,待现场无人机稳定悬停后,开始画圈飞行。若操作手认为稳定悬停高度不

在指定高度范围内，操作选手须对高度进行调整，直至达到指定范围内。整个飞行过程分为两圈，其中第一圈为顺时针，第二圈为逆时针。在一个航线内同时练习到顺时针和逆时针转向，能够在较大程度上提升飞手的航线飞行熟练程度。

④画圈飞行要点是：一定要先飞熟练顺逆时针的画圈飞行，然后控制飞行速度并保持安全高度，待几圈飞行尝试后，再逐渐降低高度和提升前行速度。如果顺逆时针画圈飞行已经很熟练的话，以后"8"字飞行只是顺理成章的事，不需要太多起落的练习即可掌握。如果对飞行技术有所追求，则在日常飞行中也应注重动作质量的把握。尽量维持画圈飞行速度一致、高度一致、左右转弯半径一致、转弯坡度一致。

⑤飞行结束后，操作选手控制无人机悬停于飞行起始点，向现场负责人汇报并获得许可后，将无人机降落至起降区地面。

⑥整理无人机设备撤离作业现场。

项目三　可见光设备操作

一、培训目标

能够掌握可见光设备基本操作、完成云台安装和调试。

二、实施方法

可见光设备（相机）是影响输电线路无人机巡检效果的主要设备，其参数设置直接关系到所拍目标的清晰程度，影响缺陷判别。因此，可见光相机操作是一项重要的线路维护工作。本任务讲解可见光设备基本操作、完成云台安装和调试以及注意事项，我们将使用佳能相机来进行讲解。

三、作业前准备

（一）材料和工器具

相机、云台、无人机、安全帽。

（二）场地

①架空输电线路杆塔附近。

②确保良好的工作环境，应在良好的天气下进行，遇有雷雨、雷云天气应停止作业，并撤离现场。

四、危险点分析及安全控制措施

√	序号	危险点	安全控制措施	备注
	1	高空坠物	无人机飞前应进行检查	
			正确佩戴安全帽	
			不要站在无人机正下方	
	2	雷电活动或其他因素	作业中，遇雷云在杆塔上方活动或其他因素威胁作业人员安全时，应停止作业，并撤离现场	

五、作业前准备

（一）可见光成像相关术语

可见光成像设备的主要技术参数包括曝光、对焦、白平衡、EV值等。

1.曝光

曝光三要素为：光圈、快门、ISO。三个因素决定了曝光量，或者说，已知任意两个参数，可以唯一确定另外一个。

（1）光圈

光圈是一个用来控制光线透过镜头，进入机身内感光面光量的装置，通常是在镜头内。表达光圈大小常用f值表示：

光圈f值=镜头的焦距/镜头光圈的直径。f值通常包含这些：f1.0、f1.4、f2.0、f2.8、f4.0、f5.6、f8.0、f11、f16、f22、f32，光圈值越小，镜头中通光的孔径就越大，相比光圈值大的光圈进光量就越多。

（2）快门

拍摄照片时控制曝光时间长短的参数。过快的快门速度会导致照片成像时进光量不足，导致照片曝光度不足，图片偏暗。过慢的快门速度会导致照片进光时间过度，导致照片过曝，或照片拖影，影响分辨。

（3）ISO

感光度，又称为ISO值，是衡量底片对于光的灵敏程度，为了减少曝光时间，相对使用较高敏感度通常会导致影像质量降低，易出现噪点。在拍照时，设置光圈大小，可以决定照片的亮度（通光量），同时也决定了照片的背景（前景）虚化效果（景深透视）；设置快门速度同样可以决定照片的亮度，但是，也受限于具体拍摄需要，如必须使用慢速快门拍摄或者需要使用高速快门抓取瞬间的情况。所以，在调节这两个曝光要素时，我们都需要考虑它们会影响照片其他方面的效果。ISO与它们不一样，不会受限于其他因素，而使用者只需根据自己的需要来自由调节它的大小。

控制ISO是在控制相机传感器对当下光线的敏感程度，ISO设置越高，敏感度越高，如果要保证照片一定的曝光量，需要的快门速度不用那么慢，或者光圈不用那么大；ISO设置越低，敏感度越低，如果要保证照片一定的曝光量，需要的快门速度和光圈大小都需要更慢或者更大。

传统意义上讲，低ISO是指ISO值在50～400之间，高ISO值是指>800。使用低ISO能拍摄出相对细腻的画质，使用高ISO能在光线不足的情况下将快门速度保持在安全快门以内，保证画面"不糊"。在光线充足的时候，建议使用较低的ISO拍照；在光线昏暗的时候，推荐使用较高的ISO拍照。

2.对焦

对焦就是通过改变镜头与感光元件之间的距离，让某一个特定位置的物体通过镜头的成像焦点正好落在感光元件之上，得出最清晰的影像。从无限远的平行光线通过透镜会落在镜头焦距的焦点上，所以，一般的泛对焦是指对焦在无限远，也就是感光元件放在离镜头焦距远的位置上，而这样，近处物体的成像焦点就落在了感光元件后面，造成成像模糊。而通过对焦把感光元件和镜头间的距离加大，就可以得到清晰的成像。对焦的英文学名为Focus，通常数码相机有多种对焦方式，分别是自动对焦、手动对焦和多重对焦方式。

（1）自动对焦

传统相机采取一种类似目测测距的方式实现自动对焦，相机发射一种红外线（或其他射线），根据被摄体的反射确定被摄体的距离，以及测得的结果调整镜头组合，实现自动对焦。

（2）手动对焦

通过手工转动对焦环来调节相机镜头，从而使拍摄出来的照片清晰的一种对焦方式，这种方式在很大程度上面依赖人眼对对焦屏上的影像的判别，以及拍摄者的熟练程度甚至拍摄者的视力。

（3）多重对焦

很多数码相机都有多点对焦功能，或者区域对焦功能。当对焦中心不设置在图片中心的时候，可以使用多点对焦，或者多重对焦。

3.白平衡

数码相机是机器，不会对周围光线的颜色进行自动调整适应。因此，有时候拍出来的照片，色调可能会变得不够理想，白平衡功能正是为拍出正确色调而出现的。

所谓色温，从字面解释就是颜色的温度。温度分高低，红、黄、啡这些颜色被称为暖色，而青、蓝、绿被称为冷色。色温的单位是以K值来表示的，"K"是"Kelvin"（绝对温度），是量度色温的单位。色温数值越低越偏向红色（愈暖），色温数值越高则越偏向蓝色（愈冷）。下表为一些色温的常见实例。

色温	常见实例
16 000~20 000K	天空碧蓝的天气
8 000K	浓雾弥漫的天气
6 500K	浓云密布的天气
6 000K	略有阴云的天气
5 500K	一般的日光，电子闪光灯

续表

色温	常见实例
5 200K	灿烂的正午阳光
5 000K	日光,这是用于摄像、美术和其他目的专业灯箱的最常用标准
3 200K	日光灯
2 800K	钨丝灯/电灯泡(日常家用灯泡)
1 800K	烛光
1 600K	日出和日落

一般来说,数码相机有三种方法去获得正确的白平衡,分别为全自动、半自动和手动。随着摄像科技进步,自动白平衡模式在大多数情况下都能让你获得理想的颜色。

4.EV值

EV是英语Exposure Values的缩写,是反映曝光多少的一个量。其最初定义为:当感光度为ISO 100、光圈系数为F1、曝光时间为1秒时,曝光量定义为0,曝光量减少一档(快门时间减少一半或者光圈缩小一档),EV-1;曝光量增一档(快门时间增加一倍或者光圈增加一档),EV+1。

现在的单反相机或DC都有自动曝光功能,能够通过自身的测光系统准确地对拍摄环境的光线强度进行检测,从而自动计算出正确的光圈值+快门速度的组合。这样相片就能正确地曝光。但是,某些特殊光影条件(逆光条件)会引起测光系统不能对被摄主体进行正确的测光,从而相片不能正确地曝光。这时,拍摄者就要依照经验进行+/-EV,人为干预相机的自动曝光系统,从而获得更准确的曝光。

当拍摄环境比较昏暗,需要增加亮度,而闪光灯无法起作用时,可对曝光进行补偿,适当增加曝光量。当进行曝光补偿的时候,如果照片过暗,则要修正相机测光表的EV值基数,EV值每增加1.0,相当于摄入的光线量增加一倍；如果照片过亮，则要减小EV值。按照不同相机的补偿间隔可以以1/2（0.5）或1/3（0.3）的单位来调节。

当被拍摄的白色物体在照片里看起来是灰色或不够白的时候，要增加曝光量，简单地说就是"越白越加"，这似乎与曝光的基本原则和习惯是背道而驰的，其实不然。这是因为相机的测光往往以中心的主体为偏重，白色的主体会让相机误以为环境很明亮，因而曝光不足。

（二）可见光成像设备设置

应用到实际电力巡检中的无人机以小型机为主，其中，大疆公司的M200系列、悟系列、精灵系列无人机等机型以性能稳定、灵活性高、产品成熟等优势占据了主要位置。此节以大疆公司精灵系列无人机相机和对应软件DJI GO软件为例，介绍相机参数设置内容及常见问题。

1.摄像参数

在屏幕顶部飞行参数下面的这一列数据是摄像参数，由上至下分别是：感光度ISO、光圈、快门、曝光补偿EV、照片格式、照片风格、曝光锁定AE。所示。

2.相机设置

点击屏幕右侧工具条的齿轮按钮，可以进行以下的相机参数初始设定：照片格式、照片尺寸、白平衡、视频尺寸、照片风格（含自定义—锐度、对比度、饱和度）、色彩、更多（过曝警告、直方图、视频字幕、网格、抗闪烁、快进预览、视频格式、视频制式NTSC/PAL、重置参数）。

相机的默认设定已能胜任用户一般的拍摄所需，如果用户有更高要求，则可在拍摄前调整上述的基本设置。

3.相机拍摄模式设置

长按屏幕右侧中部的拍摄圆键，圆键的左侧将出现扇形的选项按钮，这些按钮的功能分别为：

①单拍或连拍：单张、HDR、连拍（3、5、7张）、包围曝光（3、5张，步长0.7EV）。

②定时摄像：5s、7s、10s、20s、30s。

4.相机拍摄模式下手动测光设置

飞行器开启后，相机立即处于默认的自动"中央重点平均测光"状态。如果需要手动点测光，那么用户可以轻触手机屏幕画面景物里指定的测光位置，就可变为手动的"点测光"状态（在测光的位置将出现带中间小圆点的黄色方框符号），点击黄色方框右上角的小叉，相机将退出手动点测光回到默认的自动"中央重点平均测光"状态（短促点击屏幕时切换自动、手动测光操作；如果较长时间的点击屏幕则将出现蓝色圆圈符号，此时拖动图标的操作是控制云台姿态的俯仰）。

5.相机自动测光状态下参数调整

只能通过遥控器上的右拨轮调整"曝光补偿"EV值，往左减少（亮度）、往右增加（亮度），其余拍摄参数只能回到相机设置界面调整。另外，还可以点按屏幕上的AE，进入或退出曝光锁定。在进入曝光锁定后，如果此时操作了右拨轮，则曝光锁定也即时自动退出。

6.相机手动测光状态下参数调整

点击屏幕右侧下部的"五线谱"按钮，此按钮变亮后可进入手动曝光调整状态。用户可以通过拖动屏幕上ISO滑块改变感光度ISO，或通过遥控器上的右拨轮调整快门值，往左减少、往右增加。此时，曝光补偿EV处于不可调的状态，但EV显示值会按照用户给定的ISO和快门数值自动变化。另外，用户还可以点按屏幕上的AE，进入或退出曝光锁定。

（三）可见光成像设备拍摄

针对"安全合适的拍摄距离"这个问题，经过大量巡检实践总结经验，用户可以借助图传设备屏幕中物体成像的大小和比例来判断自己离目标的真实距离远近。实验数据测定，悟Inspire2型无人机搭载X4S定焦镜头为例，当一个220kV复合绝缘子占据到3/4图传屏幕宽度时，无人机与复合绝缘子的实际距离为5～6m，满足安全距离要求。

按照这种比例成像法，以此类推，就可以确定出来各设备的安全拍摄距离。拍摄前需要确保无人机悬停平稳，将拍摄目标尽量置于屏幕中央。最后，在图传平板屏幕中点击目标拍摄物以辅助聚焦再按快门，拍摄出一张清晰的设备图像。为避免操作失误或机器设备问题等不可控因素使图像失真，建议实际巡检时，每个巡检位置略微改变角度进行2～3张拍摄作为补充，确保该位置巡检取像完毕，不往复作业。

关于辅助聚焦，除了在图传平板屏幕中点击目标拍摄物方法外，还可以在遥控器中设置C1等快捷键以提高拍摄效率。

在无人机巡检中，除了拍摄时与设备的安全距离以外，在安全方面，还有一点要尤其注意的是，严禁在线下进行飞行，这是因为如果在飞行过程中突发未知状况，造成失控，无人机设置的保护程序会使无人机自动垂直向上飞到返航高度，然后飞回到GPS记忆的起飞点。而如果无人机恰好在线下时失控，那么无人机在垂直上升过程中就会触碰导线，引发炸机和故障。所以，为了飞行安全，无人机一定要避免从线下穿越飞回。

（四）可见光设备具体操作流程

①在安装过程中，确保伺云台服驱动模块转动过程不被任何物品阻挡，以避免损坏电机。

②在上电之前，手动转动云台，确保云台三轴运动都不受阻碍。

③当安装相机时，要严格控制云台重心，重心位置直接决定云台性能好坏，轻则引起云台抖动，严重时会烧毁伺服电机。

④确保所有连线正确。

⑤使用时应进行云台控制测试，确保无线视频传输模块正常工作。

⑥云台机身接地，避免电源线接触云台，否则会导致云台短路。

⑦在上电前使云台保持水平。

⑧在上电后，如果云台偏向一侧或来回抖动，则要断电重新调整重心。

⑨相机重心应与云台重心相吻合。

⑩相机的设置应根据巡检现场的光线来决定参数。

⑪打开相机电源。

⑫当天气晴好时，一般采用光圈优先模式（AV），光圈值一般不大于f8，可保证拍摄目标成像清晰。

⑬在阴天时，一般采用快门优先模式（TV）。由于无人机在空中会产生振动，因此，快门速度一般设置不大于1/600s，如果目标较暗还可采用曝光补偿方式。

⑭曝光补偿一般采用1/3档进行微调，直到物体曝光正常为止。

⑮一般要在地面进行试拍，照片确认正常后方可起飞作业。

⑯空中云台操作要轻柔，避免大幅度摆动。

⑰当档云台转动到限位时，应立即松开控制杆，避免烧毁云台伺服电机。

项目四　耐张塔巡检

一、培训目标

架空输电线路耐张塔精细化巡检，能够在保证安全的条件下按要求完成多旋翼无人机对架空输电线路耐张塔的巡检工作。

二、实施方法

由于交流双回耐张塔是为了应对输电线路承受张力的要求，设计较为复杂且巡检部位较多，而且耐张段导线与杆塔存在一定夹角，为了抵抗侧向张力，绝缘子并不是完全垂直设计而是有倾斜角度，这对操控人员飞行操作技能提出很高的要求。同时，由于人工操控很难保证巡检的一致性，导致在不同时刻对同一杆塔同一位置的拍摄结果差异较大，人工手动操作无人机进行耐张塔巡检过程中，拍摄点位更多、技术难度要求更大。我们将利用无人机技术对输电线路耐张杆塔进行全面的巡视检查。

三、作业前准备

（一）材料和工器具

多旋翼无人机、智能电池、风速仪、遥控器、工作票、安全帽。

（二）场地

①线路实训场地、模拟线路或者实际运行线路。

②确保良好的工作环境，应在良好的天气下进行，遇有雷雨、雷云天气，应停止无人机巡检任务，并撤离现场。

四、危险点分析及安全控制措施

√	序号	危险点	安全控制措施	备注
	1	设备损坏	使用的无人机巡检系统应通过试验检测。作业时，应严格遵守相关技术规程要求，严格按照所用机型要求进行操作	
			现场应携带所用无人机巡检系统飞行履历表、操作手册、简单故障排查和维修手册	
	2	无人机失控	工作地点、起降点及起降航线上应避免无关人员干扰，必要时可设置安全警示区	
			现场禁止使用可能对无人机巡检系统通信链路造成干扰的电子设备	
	3	火灾隐患	带至现场的油料应单独存放，并派专人看守。作业现场严禁吸烟和出现明火，并做好灭火等安全防护措施。	
			加油及放油应在无人机巡检系统下电、发动机熄火、旋翼或螺旋桨停止旋转以后进行，操作人员应使用防静电手套，作业点附近应准备灭火器	
			禁止使用过放电鼓包的电池，并防止电池高处坠落受尖锐物体打击发生自燃	
	4	人身伤害	当起飞和降落时，现场所有人员应与无人机巡检系统始终保持足够的安全距离，作业人员不得位于起飞和降落航线下	
			在自旋过程中，任何人员不得进入飞行区域，以免发生螺旋桨伤人事件	
			操作作业现场的所有人员均应正确佩戴安全帽和穿戴个人防护用品，正确使用安全工器具和劳动防护用品	
			现场作业人员均应穿戴长袖棉质服装	
	5	其他	工作前8h及工作过程中不应饮用任何酒精类饮品	
			工作时，工作班成员禁止使用手机。除必要的对外联系外，现场操作人员不得使用手机	
			在现场不得进行与作业无关的活动	
			在飞行结束后要向现场负责人进行汇报，听到指令后方可降落	

五、作业流程及内容

	塔概况（选拍）	塔全貌、塔头、塔身、杆号牌、塔基
耐张杆塔	耐张绝缘子横担端	调整板、挂板等金具
	耐张绝缘子导线端	导线耐张线夹、各挂板、联板、防振锤等金具
	耐张绝缘子串	每片绝缘子表面及连接情况
	地线耐张（直线金具）金具	地线耐张线夹、接地引下线连接金具、防振锤、挂板
	引流线绝缘子横担端	绝缘子碗头销、铁塔挂点金具
	引流绝缘子导线端	碗头挂板销、引流线夹、联板、重锤等金具
	引流线	引流线、引流线绝缘子、间隔棒
	通道（选拍）	小号侧通道、大号侧通道

（一）交流线路双回耐张塔

交流线路双回耐张塔

（二）交流线路双回耐张塔无人机巡检拍摄规则

无人机悬停区域	拍摄部位编号	拍摄部位	无人机拍摄位置	拍摄角度	拍摄质量要求
A	1	塔全貌	从杆塔远处，并高于杆塔，杆塔完全在影像画面里	平视/俯视	塔全貌完整，能够清晰分辨塔材和杆塔角度，主体上下占比不低于全幅80%
B	2	塔头	从杆塔斜上方拍摄	平视/俯视	能够完整看到杆塔塔头
C	3	塔身	杆塔斜上方，略低于塔头拍摄高度	平视/俯视	能够看到除塔头及塔基部位的其他结构全貌
D	4	杆号牌	无人机镜头平视或俯视拍摄塔号牌	平视/俯视	能清晰分辨杆号牌上线路双重名称
E	5	塔基	走廊正面或侧面面向塔基俯视拍摄	俯视	能够看清塔基附近地面情况，拉线是否连接牢靠
F	6	左回下相小号侧绝缘子导线端挂点	面向金具锁紧销安装侧，拍摄金具整体	平视/俯视	能够清晰分辨螺栓、螺母、锁紧销等小尺寸金具及防振锤；设备相互遮挡时，采取多角度拍摄；每张照片至少包含1片绝缘子
F	7	左回下相小号侧绝缘子	正对绝缘子串，在其中心点以上位置拍摄	平视	需覆盖绝缘子整串，可拍多张照片，最终能够清晰分辨绝缘子片表面损痕和每片绝缘子连接情况
F	8	左回下相小号侧绝缘子横担端挂点	与挂点高度平行，小角度斜侧方拍摄	平视/俯视	能够清晰分辨螺栓、螺母、锁紧销等小尺寸金具；设备相互遮挡时，采取多角度拍摄；每张照片至少包含1片绝缘子

续表

无人机悬停区域	拍摄部位编号	拍摄部位	无人机拍摄位置	拍摄角度	拍摄质量要求
F	9	左回下相大号侧绝缘子横担端挂点	与挂点高度平行,小角度斜侧方拍摄	平视/俯视	能够清晰分辨螺栓、螺母、锁紧销等小尺寸金具;设备相互遮挡时,采取多角度拍摄;每张照片至少包含1片绝缘子
F	10	左回下相大号侧绝缘子	正对绝缘子串,在其中心点以上位置拍摄	平视	需覆盖绝缘子整串,可拍多张照片,最终能够清晰分辨绝缘子片表面损痕和每片绝缘子连接情况
F	11	左回下相大号侧绝缘子导线端挂点	与挂点高度平行,小角度斜侧方拍摄	平视/俯视	能够清晰分辨螺栓、螺母、锁紧销等小尺寸金具及防振锤;设备相互遮挡时,采取多角度拍摄;每张照片至少包含1片绝缘子
G	12	左回中相小号侧绝缘子导线端挂点	面向金具锁紧销安装侧,拍摄金具整体	平视/俯视	能够清晰分辨螺栓、螺母、锁紧销等小尺寸金具及防振锤;设备相互遮挡时,采取多角度拍摄;每张照片至少包含1片绝缘子
G	13	左回中相小号侧绝缘子	正对绝缘子串,在其中心点以上位置拍摄	平视	需覆盖绝缘子整串,可拍多张照片,最终能够清晰分辨绝缘子片表面损痕和每片绝缘子连接情况
G	14	左回中相小号侧绝缘子横担端挂点	与挂点高度平行,小角度斜侧方拍摄	平视/俯视	能够清晰分辨螺栓、螺母、锁紧销等小尺寸金具;设备相互遮挡时,采取多角度拍摄;每张照片至少包含1片绝缘子
G	15	左回中相大号侧绝缘子横担端挂点	与挂点高度平行,小角度斜侧方拍摄	平视/俯视	能够清晰分辨螺栓、螺母、锁紧销等小尺寸金具;设备相互遮挡时,采取多角度拍摄;每张照片至少包含1片绝缘子

续表

无人机悬停区域	拍摄部位编号	拍摄部位	无人机拍摄位置	拍摄角度	拍摄质量要求
G	16	左回中相大号侧绝缘子	正对绝缘子串,在其中心点以上位置拍摄	平视	需覆盖绝缘子整串,可拍多张照片,最终能够清晰分辨绝缘子片表面损痕和每片绝缘子连接情况
G	17	左回中相大号侧绝缘子导线端挂点	与挂点高度平行,小角度斜侧方拍摄	平视/俯视	能够清晰分辨螺栓、螺母、锁紧销等小尺寸金具及防振锤;设备相互遮挡时,采取多角度拍摄;每张照片至少包含1片绝缘子
H	18	左回上相小号侧绝缘子导线端挂点	面向金具锁紧销安装侧,拍摄金具整体	平视/俯视	能够清晰分辨螺栓、螺母、锁紧销等小尺寸金具及防振锤;设备相互遮挡时,采取多角度拍摄;每张照片至少包含1片绝缘子
H	19	左回上相小号侧绝缘子	正对绝缘子串,在其中心点以上位置拍摄	平视	需覆盖绝缘子整串,可拍多张照片,最终能够清晰分辨绝缘子片表面损痕和每片绝缘子连接情况
H	20	左回上相小号侧绝缘子横担端挂点	与挂点高度平行,小角度斜侧方拍摄	平视/俯视	能够清晰分辨螺栓、螺母、锁紧销等小尺寸金具;设备相互遮挡时,采取多角度拍摄;每张照片至少包含1片绝缘子
H	21	左回上相大号侧绝缘子横担端挂点	与挂点高度平行,小角度斜侧方拍摄	平视/俯视	能够清晰分辨螺栓、螺母、锁紧销等小尺寸金具;设备相互遮挡时,采取多角度拍摄;每张照片至少包含1片绝缘子
H	22	左回上相大号侧绝缘子	正对绝缘子串,在其中心点以上位置拍摄	平视	需覆盖绝缘子整串,可拍多张照片,最终能够清晰分辨绝缘子片表面损痕和每片绝缘子连接情况

续表

无人机悬停区域	拍摄部位编号	拍摄部位	无人机拍摄位置	拍摄角度	拍摄质量要求
H	23	左回上相大号侧绝缘子导线端挂点	与挂点高度平行，小角度斜侧方拍摄	平视/俯视	能够清晰分辨螺栓、螺母、锁紧销等小尺寸金具及防振锤；设备相互遮挡时，采取多角度拍摄；每张照片至少包含1片绝缘子
I	24	左回地线挂点	高度与地线挂点平行或以不大于30°角度俯视，小角度斜侧方拍摄	小号侧平视/大号侧平视	能够判断各类金具的组合安装状态，与地线接触位置铝包带安装状态，清晰分辨锁紧位置的螺母销级物件。设备相互遮挡时，采取多角度拍摄
J	25	右回地线挂点	高度与地线挂点平行或以不大于30°角度俯视，小角度斜侧方拍摄	小号侧平视/大号侧平视	能够判断各类金具的组合安装状态，与地线接触位置铝包带安装状态，清晰分辨锁紧位置的螺母销级物件。设备相互遮挡时，采取多角度拍摄
K	26	右回上相小号侧绝缘子导线端挂点	面向金具锁紧销安装侧，拍摄金具整体	平视/俯视	能够清晰分辨螺栓、螺母、锁紧销等小尺寸金具及防振锤；设备相互遮挡时，采取多角度拍摄；每张照片至少包含1片绝缘子
K	27	右回上相小号侧绝缘子	正对绝缘子串，在其中心点以上位置拍摄	平视	需覆盖绝缘子整串，可拍多张照片，最终能够清晰分辨绝缘子片表面损痕和每片绝缘子连接情况
K	28	右回上相小号侧绝缘子横担端挂点	与挂点高度平行，小角度斜侧方拍摄	平视/俯视	能够清晰分辨螺栓、螺母、锁紧销等小尺寸金具；设备相互遮挡时，采取多角度拍摄；每张照片至少包含1片绝缘子

续表

无人机悬停区域	拍摄部位编号	拍摄部位	无人机拍摄位置	拍摄角度	拍摄质量要求
K	29	右回上相跳线串横担端挂点	杆塔右回上相跳线绝缘子外侧适当距离处	平视/俯视	采取平拍方式针对销钉穿向，拍摄下挂点连接金具；采取俯拍方式拍摄挂点上方螺栓及销钉情况，金具部分应占照片50%以上
K	30	右回上相跳线绝缘子	杆塔右回上相跳线绝缘子外侧适当距离处	平视	拍摄出绝缘子的全貌，应能够清晰识别每一片伞裙
K	31	右回上相跳线串导线端挂点	杆塔右回上相跳线绝缘子外侧适当距离处	小号侧俯视/大号侧俯视	分别位于导线端金具的小号侧及大号侧拍摄两张照片，每张照片应包括从绝缘子末端碗头至重锤片的全景，且金具部分空间应占照片50%以上
K	32	右回上相大号侧绝缘子横担端挂点	与挂点高度平行，小角度斜侧方拍摄	平视/俯视	能够清晰分辨螺栓、螺母、锁紧销等小尺寸金具；设备相互遮挡时，采取多角度拍摄；每张照片至少包含1片绝缘子
K	33	右回上相大号侧绝缘子	正对绝缘子串，在其中心点以上位置拍摄	平视	需覆盖绝缘子整串，可拍多张照片，最终能够清晰分辨绝缘子片表面损痕和每片绝缘子连接情况
K	34	右回上相大号侧绝缘子导线端挂点	与挂点高度平行，小角度斜侧方拍摄	平视/俯视	能够清晰分辨螺栓、螺母、锁紧销等小尺寸金具及防振锤；设备相互遮挡时，采取多角度拍摄；每张照片至少包含1片绝缘子
L	35	右回中相小号侧绝缘子导线端挂点	面向金具锁紧销安装侧，拍摄金具整体	平视/俯视	能够清晰分辨螺栓、螺母、锁紧销等小尺寸金具及防振锤；设备相互遮挡时，采取多角度拍摄；每张照片至少包含1片绝缘子

续表

无人机悬停区域	拍摄部位编号	拍摄部位	无人机拍摄位置	拍摄角度	拍摄质量要求
L	36	右回中相小号侧绝缘子	正对绝缘子串,在其中心点以上位置拍摄	平视	需覆盖绝缘子整串,可拍多张照片,最终能够清晰分辨绝缘子片表面损痕和每片绝缘子连接情况
L	37	右回中相小号侧绝缘子横担端挂点	与挂点高度平行,小角度斜侧方拍摄	平视/俯视	能够清晰分辨螺栓、螺母、锁紧销等小尺寸金具;设备相互遮挡时,采取多角度拍摄;每张照片至少包含1片绝缘子
L	38	右回中相跳线串横担端挂点	杆塔右回中相跳线绝缘子外侧适当距离处	平视/俯视	采取平拍方式针对销钉穿向,拍摄下挂点连接金具;采取俯拍方式拍摄挂点上方螺栓及销钉情况,金具部分空间应占照片50%以上
L	39	右回中相跳线绝缘子	杆塔右回中相跳线绝缘子外侧适当距离处	平视	拍摄出绝缘子的全貌,应能够清晰识别每一片伞裙
L	40	右回中相跳线串导线端挂点	杆塔右回中相跳线绝缘子外侧适当距离处	小号侧俯视/大号侧俯视	分别位于导线端金具的小号侧及大号侧拍摄两张照片,每张照片应包括从绝缘子末端碗头至重锤片的全景,且金具部分空间应占照片50%以上
L	41	右回中相大号侧绝缘子横担端挂点	与挂点高度平行,小角度斜侧方拍摄	平视/俯视	能够清晰分辨螺栓、螺母、锁紧销等小尺寸金具;设备相互遮挡时,采取多角度拍摄;每张照片至少包含1片绝缘子
L	42	右回中相大号侧绝缘子	正对绝缘子串,在其中心点以上位置拍摄	平视	需覆盖绝缘子整串,可拍多张照片,最终能够清晰分辨绝缘子片表面损痕和每片绝缘子连接情况

续表

无人机悬停区域	拍摄部位编号	拍摄部位	无人机拍摄位置	拍摄角度	拍摄质量要求
L	43	右回中相大号侧绝缘子导线端挂点	与挂点高度平行,小角度斜侧方拍摄	平视/俯视	能够清晰分辨螺栓、螺母、锁紧销等小尺寸金具及防振锤;设备相互遮挡时,采取多角度拍摄;每张照片至少包含1片绝缘子
M	44	右回下相小号侧绝缘子导线端挂点	面向金具锁紧销安装侧,拍摄金具整体	平视/俯视	能够清晰分辨螺栓、螺母、锁紧销等小尺寸金具及防振锤;设备相互遮挡时,采取多角度拍摄;每张照片至少包含1片绝缘子
M	45	右回下相小号侧绝缘子	正对绝缘子串,在其中心点以上位置拍摄	平视	需覆盖绝缘子整串,可拍多张照片,最终能够清晰分辨绝缘子片表面损痕和每片绝缘子连接情况
M	46	右回下相小号侧绝缘子横担端挂点	与挂点高度平行,小角度斜侧方拍摄	平视/俯视	能够清晰分辨螺栓、螺母、锁紧销等小尺寸金具;设备相互遮挡时,采取多角度拍摄;每张照片至少包含1片绝缘子
M	47	右回下相跳线串横担端挂点	杆塔右回下相跳线绝缘子外侧适当距离处	平视/俯视	采取平拍方式针对销钉穿向,拍摄下挂点连接金具;采取俯拍方式拍摄挂点上方螺栓及销钉情况,金具部分空间应占照片50%以上
M	48	右回下相跳线绝缘子	杆塔右回下相跳线绝缘子外侧适当距离处	平视	拍摄出绝缘子的全貌,应能够清晰识别每一片伞裙
M	49	右回下相跳线串导线端挂点	杆塔右回下相跳线绝缘子外侧适当距离处	小号侧俯视/大号侧俯视	分别位于导线端金具的小号侧及大号侧拍摄两张照片,每张照片应包括从绝缘子末端碗头至重锤片的全景,且金具部分空间应占照片50%以上

续表

无人机悬停区域	拍摄部位编号	拍摄部位	无人机拍摄位置	拍摄角度	拍摄质量要求
M	50	右回下相大号侧绝缘子横担端挂点	与挂点高度平行,小角度斜侧方拍摄	平视/俯视	能够清晰分辨螺栓、螺母、锁紧销等小尺寸金具;设备相互遮挡时,采取多角度拍摄;每张照片至少包含1片绝缘子
M	51	右回下相大号侧绝缘子	正对绝缘子串,在其中心点以上位置拍摄	平视	需覆盖绝缘子整串,可拍多张照片,最终能够清晰分辨绝缘子片表面损痕和每片绝缘子连接情况
M	52	右回下相大号侧绝缘子导线端挂点	与挂点高度平行,小角度斜侧方拍摄	平/俯视	能够清晰分辨螺栓、螺母、锁紧销等小尺寸金具及防振锤;设备相互遮挡时,采取多角度拍摄;每张照片至少包含1片绝缘子
N	53	小号侧通道	塔身侧方位置先小号通道,后大号通道	面朝小号侧顺线路方向	能够清晰完整看到杆塔的通道情况,如建筑物、树木、交叉、跨越的线路等
O	54	大号侧通道	塔身侧方位置先小号通道,后大号通道	面朝大号侧顺线路方向	能够清晰完整看到杆塔的通道情况,如建筑物、树木、交叉、跨越的线路等
注:拍摄角度和拍摄图片张数以能够清晰展示所需细节为目标,根据实际作业环境可作适当调整。					

项目五 可见光设备维保与数据处理

一、培训目标

能够掌握可见光成像设备的镜头擦拭、镜头的拆装、电池的更换、存储卡的清理,完成可见光数据拷贝和分类,使用计算机对缺陷照片进行缺陷位置的标注工作。

二、实施方法

通过相机操作教学,让学员掌握相机操作维护的基本要领,并通过缺陷照片讲解数据管理与分析。

三、作业前准备

(一)材料和工器具

可见光相机、擦镜纸、气吹、计算机。

(二)场地

无人机库房或教室。

四、危险点分析及安全控制措施

无。

五、作业流程及内容

（一）可见光设备维保与数据处理

1. 镜头的擦拭

（1）不要用餐巾纸擦镜头

餐巾纸虽然柔软，但它不是专为镜头而设计的，最大的不足就是容易在镜片上留下纸巾纤维。

（2）擦镜头可用的材质

用来擦镜头的材质一般有两种，一种是纤维布，另一种是含棉量高的软织布（镜头纸）。

纤维布的优点是比较耐用，不会掉毛，缺点是不太吸水，擦拭镜头带液体的污渍力不从心，不仅清理不干净，反而会把液体污渍越涂越开。

含棉量高的软织布，比如镜头纸。它的优点是非常柔软且吸水能力优良，因此擦拭液体污渍效果好；缺点是不耐用，用久了也会掉细小纤维，所以，镜头纸应是一用一换。

（3）不要干擦镜头

镜头千万不要干擦，要配合液体进行。很多人喜欢在镜头上哈气，然后用擦拭纸进行擦拭，万万不能这样做！哈气中存在酸性物质，会腐蚀镜片图层，另外，也达不到溶解清理污渍的效果。正确的方式是使用镜片清洁剂，先喷在擦拭纸上，再用喷了清洁剂的擦拭纸由镜头中心向边缘擦拭。

（4）刷子和气吹

当镜头上沾有小沙粒时，不能直接用擦拭纸进行擦拭，而是要用刷子或者气吹先把沙子吹掉，然后再按正常清理方法清理。

（5）其他

建议每次清洁镜头的时间最好不要超过30s，过长时间的擦拭会造成镜头不必要的损伤。

2. 镜头的拆装

（1）安装镜头的步骤

①拧下镜头后盖，操作时镜头后部略朝下，以防进灰。

②将机身卡口朝下，取下机身盖。

③将镜头与机身上相同颜色的安装指示点对准。

④按照相机生产厂家规定的方向（佳能为顺时针，尼康为逆时针）转动镜头，直至镜头锁定。

（2）拆卸镜头的步骤

①确定盖好镜头前盖。

②在按住镜头释放按钮的同时，按照安装镜头方向的反方向转动镜头，直至镜头推出卡口。

③迅速盖上镜头后盖和机身盖。

3. 电池的更换

打开电池盖，一般在相机底部或侧面。推开后盖子自然弹开成90°，电池上方有个拨片，轻轻一拨电池自然弹出。也有可能是触发式的，按电池后电池弹出。在安装时将电极触片对准后放入即可，要注意电池正负极正确。

4. 存储卡的清理

通常采用相机菜单中的"格式化"命令来清空存储卡，注意要在清理前做好数据备份。

（二）可见光数据处理

1. 可见光数据拷贝和分类

（1）图像的存放整理

当日巡检工作完成后，将巡检图像导出至专用计算机的指定硬盘中，按照以下规范进行分级文件夹管理：

文件夹第一层：××公司××kV××线无人机巡视资料。（例如，山东公司500kV邹川Ⅱ线无人机巡视资料，"Ⅱ"为罗马数字）

文件夹第二层：#××无人机巡视资料。（例如，#201无人机巡视资料，"#"在阿拉伯数字前）

文件夹第三层：×年无人机巡视资料。

文件夹第四层：×月无人机巡视资料，当月缺陷照片存放于第四层。

文件夹第五层：每基杆塔对应无人机巡视资料。

（2）图像分析及规范命名

图像分析工作应尽快完成（一般3个工作日内）。当发现缺陷后，应编辑图像，对图像中缺陷进行标注，并将图像重命名，命名规范如下：

"电压等级+线路名称+杆号"-"缺陷简述"-"该图片原始名称"

示例：500kV聊韶Ⅱ线#124塔-上相挂点缺销钉-DSG-0001.JPG

注：

①缺陷描述按照："相–侧–部–问"顺序进行命名。

②每张图像只标注并描述一条缺陷。

2.缺陷标注

①获取标注工具（labelImage），将图片文件保存在一个文件夹内，里面最好不要包含子文件夹。

②图片文件名不要出现两个"."(例如，dog.1.jpg建议改成dog_1.jpg)不然无法正确导出xml。

③打开labelImage，点击左边工具栏"Open Dir"找到保存图片的文件夹，再点击"choose"，之后在右下角"File List"就可以看到文件夹内全部图片的列表。

④按快捷键"W"，松开后用鼠标对文件进行框选，同时弹出对话框。如果列表内没有标签，直接输入后回车即可，新标签加入列表里。如

果列表内已含有标签，双击即可，拖动选框的四角修正选定的区域。

⑤确定标注无误后，按快捷键ctrl+s保存xml文件，对话框直接点save，图片会保存成与图片文件同名的xml文件。

点击左工具栏Next Image，开始标注下一张图片，重复第四步。

项目六 缺陷识别

一、培训目标

能够通过屏幕发现较为基础的，较容易发现的缺陷，并能够准确圈出位置，正确描述，切实提高输电线路运维水平。

二、实施方法

被考核人员独立完成：利用计算机画图软件找出查找杆塔类的缺陷，查找基础类的缺陷，查找绝缘子类的缺陷，查找通道类的隐患，查找附属设施类的缺陷并圈出，最终给出缺陷命名。

三、主要内容

（一）缺陷分类

1.按缺陷位置

输电线路的缺陷分为线路本体缺陷、附属设施缺陷和外部隐患三大类：

①"本体缺陷"是指组成线路本体的全部构件、附件及零部件，包括基础、杆塔、导地线、绝缘子、金具、接地装置、拉线等发生的缺陷。

②"附属设施缺陷"是指附加在线路本体上的线路标识、安全标志牌及各种技术监测及具有特殊用途的设备（如雷电监测、绝缘子在线监测、外加防雷、防鸟装置等）发生的缺陷。

③"外部隐患"是指外部环境变化对线路的安全运行已构成某种潜在性威胁的情况，如在保护区内违章建房、种植树（竹）、堆物、取土以及各种施工作业等。

2.按严重程度线路的各类缺陷按严重程度，分为一般缺陷、严重缺陷、危急缺陷三个级别：

①"一般缺陷"是指缺陷情况对线路的安全运行威胁较小，在一定期间内不影响线路安全运行的缺陷。此类缺陷应列入年、季检修计划中加以消除。

②"严重缺陷"是指缺陷情况对线路安全运行已构成严重威胁，短期内线路尚可维持安全运行。此类缺陷应在短时间内消除，消除前须加强监视。

③"危急缺陷"是指缺陷情况已危及到线路安全运行，随时可能导致线路发生事故，既危险又紧急的缺陷。此类缺陷必须尽快消除，或临时采取确保线路安全的技术措施进行处理，随后消除。

元件名称	巡视内容及运行标准	危急缺陷	严重缺陷	一般缺陷
一、杆塔	塔材是否被盗，有无变形、锈蚀。螺丝有无松动、丢失，防盗措施是否满足要求。	主材接口铁丢失，或连接螺丝丢失30%及以上	塔材在一个节点内丢失4块及以下的	辅助材丢失变形、螺丝松动
		塔材在一个断面内丢失主材或被破坏，威胁铁塔安全运行，急需处理的		防盗措施不齐全
	铁塔主材弯曲不得超过0.5%		主材弯曲大于1%以上	0.5%＜主材弯曲＜1%

续表

元件名称	巡视内容及运行标准	危急缺陷	严重缺陷	一般缺陷
一、杆塔	杆塔倾斜允许范围（包括挠度） 铁塔 塔高在50m及以上时，不得超过0.5%。 塔高在50m以下时，不得超过1%	铁塔：铁塔严重倾斜急需处理。塔高在50m以下≥2.25%。塔高在50m以上≥1.13%	铁塔倾斜：塔高在50m以下大于或等于1.5%小于2.25%；塔高在50m以上大于或等于0.75%小于1.13%	铁塔倾斜：塔高在50m以下大于或等于1%小于1.5%塔高在50m以上大于或等于0.5%小于0.75%
	混凝土电杆不得超过1.5%	电杆倾斜挠曲严重危及安全运行随时有可能发生事故	电杆倾斜挠曲超过运行规程规定值但设备仍可短期继续安全运行	电杆倾斜不超过规程规定值
	横担歪斜度不得超过1%			横担弯斜度在15‰以内
	预应力混凝土电杆不得有裂纹；普通钢筋混凝土杆保护层不得有脱落、钢筋外露，纵向裂纹宽度不得超过0.2mm	混凝土严重脱落钢筋外露或空洞较大。	预应力杆有明显的纵向裂纹、非预应力杆裂纹宽度超过0.2mm以上的，要详细观察记录裂纹的发展变化	
	塔上是否有鸟巢和异物。驱鸟设施应完好			塔上有危及安全运行的鸟巢和异物，驱鸟器损坏或缺少
	杆塔脚钉、爬梯应齐全紧固			脚钉、梯子丢失松动
	铁塔、水泥杆钢圈不应有锈蚀，焊口不得有裂纹		钢圈严重锈蚀或焊口处有裂纹，塔材锈蚀，镀锌层失去作用	塔材有部分锈蚀，钢圈有轻微锈蚀

续表

元件名称	巡视内容及运行标准	危急缺陷	严重缺陷	一般缺陷
一、杆塔	杆（塔）冻鼓埋深减小不超过设计埋深的5%	杆塔冻鼓或埋深减少以超过设计埋深的15%	杆塔冻鼓，埋深减小，大于设计埋深的10%～15%	冻鼓埋深减小达设计埋深的5%～10%
		设计埋深3m时，冻鼓、埋深减少0.45m	设计埋深3m时，冻鼓、埋深减少0.3～0.45m	设计埋深3m时，冻鼓、埋深减少0.15～0.3m
		设计埋深2.5m时，冻鼓、埋深减少0.375m	设计埋深2.5m时，冻鼓埋深减少0.25～0.375m	设计埋深2.5m时，冻鼓埋深减少0.125～0.25m
二、基础及拉线	铁塔基础不应有裂纹、损伤、水泥酥松及螺母丢失；保护帽完整		铁塔基础水泥酥松、剥落	铁塔基础有裂纹、损伤；保护帽不完整
	杆塔及拉线基础缺土不得超过5%	钢筋混凝土杆及拉线塔的基础严重冲刷缺土15%以上危及安全运行	杆塔基础及拉线基础严重缺土被水冲刷下沉10%～15%	杆塔与拉线基础少量缺土5%～10%
	拉线棒、拉线不得有锈蚀	拉线棒锈蚀超过截面积20%以上	拉线及拉线棒损伤锈蚀达总截面积15%	拉线及拉线棒有轻微锈蚀，在总截面积的10%以下
	拉线受力应均匀			拉线受力不均。
	UT线夹不得缺少螺帽或者防盗帽，安装正确		UT型线夹缺备帽	UT型线夹无防盗措施 拉线备帽松动。
	拉线不应有断股或断开	杆塔的拉线已经断开或UT型线夹丢失		
	防洪设施完备，能够起到护基作用	汛期防洪设施失去护基作用		

续表

元件名称	巡视内容及运行标准	危急缺陷	严重缺陷	一般缺陷
二、基础及拉线	基础周围防护区内不应有取土现象			基础周围防护区内有取土现象
	拉线端头绑扎牢固			拉线端头绑扎不牢
	UT线夹应有调整裕度			UT线夹没有调整裕度
	拉线棒不得弯曲			拉线棒弯曲
	X形拉线的交叉点处应有足够的空隙,以免拉线相互摩擦			X型拉线的交叉点处没有足够的空隙,致使拉线相互摩擦
	组合拉线每根拉线受力应一致			组合拉线每根拉线受力不一致
三、绝缘子	绝缘子与瓷横担是否有脏污、瓷质裂纹、破碎、钢脚及钢帽锈蚀,钢脚弯曲,钢化玻璃绝缘子自爆现象	35kV线路每串4片瓷瓶中破碎或零值超过2片以上者	35kV线路每串瓷瓶中破碎或零值超过1片以上者	绝缘不良:66kV—220kV线路每串瓷瓶中有1片破碎或零值
		66kV线路每串5片瓷瓶中,破碎或零值超过3片以上者	66kV线路每串5片瓷瓶中,破碎或零值超过2片以上者	
		220kV线路每串13片瓷瓶中,破碎或零值超过6片以上者	220kV线路每串瓷瓶中破碎或零值超过5片以上者	
			钢脚及钢帽有裂纹、弯曲	
	绝缘子有无闪络痕迹和局部火花放电现象		因雷击,直线整串绝缘子闪落	绝缘子有闪络痕迹和局部火花放电现象
	绝缘子串、瓷横担偏斜不大于15°			瓷瓶串顺线路倾斜大于15°

续表

元件名称	巡视内容及运行标准	危急缺陷	严重缺陷	一般缺陷
三、绝缘子	瓷横担绑线有无松动、断股、烧伤			瓷横担绑线松动、断股、烧伤
	绝缘子铁件锈蚀、磨损、裂纹、开焊、开口销及弹簧销有无缺少、代用或脱出	直线串绝缘子开口销或弹簧销子丢失	耐张串绝缘子开口销或弹簧销子丢失或失效	开口销子开口小，或者有代用的
	合成绝缘子有无伞裙变硬、发脆、破裂，有无漏电起痕、电蚀，表面有无裂纹、粉化，连接部有无脱胶、裂缝、滑移，端部有无附件锈蚀		合成绝缘子伞裙破裂，连接部滑移	合成绝缘子伞裙变硬、发脆，漏电起痕、电蚀，表面裂纹、粉化，连接部脱胶、裂缝，端部附件锈蚀
	单片绝缘子不应有裙裂纹、瓷釉烧坏，歪斜的现象，浇装水泥不得有裂纹，绝缘电阻不低于30MΩ		污秽区绝缘子串的单位泄漏比距不能满足相应污秽等级的要求，并且未采取有效防污措施的	单片绝缘子瓷裙裂纹，瓷釉烧坏，钢脚及钢帽锈蚀，歪斜，浇装水泥有裂纹，绝缘电阻低于30MΩ
四、防雷及接地	接地装置的接地电阻不大于设计要求	雷雨季节接地带断落或接地装置丢失	雷雨季节时接地装置接地电阻值大于规定值二倍以上又未采取措施的	接地装置的接地电阻大于规定值，但是值小于其2倍
	接地装置、接地线、避雷线间的连接应紧密			地装置的接地螺丝连接不紧密者
	接地防盗帽应齐全能够起到防盗作用			接地防盗帽丢失或防盗失效
	接地埋深及长度符合设计要求			接地外露、锈蚀、埋入地下部分丢失，埋深不符合设计规定

续表

元件名称	巡视内容及运行标准	危急缺陷	严重缺陷	一般缺陷
五、附属设施设备标志	相位牌、警告牌齐全；所有耐张型杆塔、分支杆塔、换位杆塔和换位杆塔前后各一基杆塔上，均应有明显的相位标志.线路名称、杆塔号字迹清楚	几条平行线路或同杆塔架设的双回及多回线路没有线路名称	线路杆塔没有线路名称或多重名称	塔号及相位标志不清楚，不齐全；用手写杆号或线路名称
	在两条以上的相互靠近的（100m以内）平行或交叉线路应有判别标志、色标或采取其他措施		几条平行线路的线路名称不清，同杆塔架设的双回及多回线路的线路名称不清，没有色标区分	同杆塔架设的双回及多回线路的线路色标不清楚、不齐全
	相位牌、警告牌字迹清楚			线路跨越鱼塘或线路在采矿点附近、易被取土、易受外力破坏处、邻近风筝放飞现场以及在人口密集地区等处所，没有相应的禁止或警告类标志牌或宣传告示
	在易发生外部隐患的线路杆塔上或线路附近是否有相应警示标志			线路保护区或附近的公路、铁路、水利、市政等施工现场没有警示标志
				警示标志不清楚、醒目
六、防护区	防护区内严禁有建筑物，可燃物、易爆物品和腐蚀性气体			防护区内有建筑物、可燃物、易爆物品或腐蚀性气体
	防护区内不得有超高树木			防护区内有超高的树木

续表

元件名称	巡视内容及运行标准	危急缺陷	严重缺陷	一般缺陷
六、防护区	防护区内进行的土方挖掘、建筑工程和施工爆破			防护区内进行土方挖掘、建筑工程和施工爆破，没有及时发现
	防护区内架设或敷设的架空电力线路、架空通信线路、架空索道、各种管道和电缆			防护区内架设或敷设架空电力线路、架空通信线路、架空索道、各种管道和电缆、道路、铁路、码头、卸货场、射击场等，没及时记录、监督施工和测量
	线路附近修建的道路、铁路、码头、卸货场、射击场等			
	线路附近出现的高大机械及可移动的设施		防护区内施工安全措施不健全	线路附近出现的高大机械及可移动的设施没及时发现，威胁线路安全运行
	线路附近的污源情况			线路附近的污源情况没及时掌握
	其他不正常现象，如江河泛滥、山洪、杆塔被淹，森林起火等			
	巡视使用的道路、桥梁的损坏情况			巡视使用的道路、桥梁损坏

缺陷描述：××线××号杆塔×腿基础破损。

缺陷描述：××线××号杆塔×腿的×侧拉线棒锈蚀，直径减少××mm。

缺陷描述：××线××号杆塔×腿的×侧拉线棒锈蚀，直径减少××mm。

缺陷描述：×线××号线路名称牌缺失。

缺陷描述：线×号×腿接地螺栓缺失。

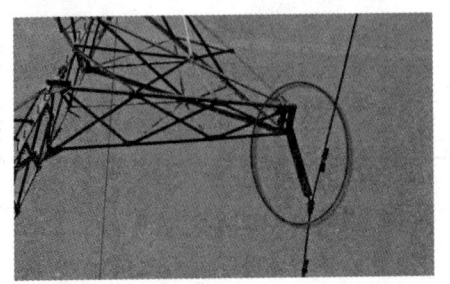

缺陷描述：××线××号×相复合绝缘子未安装均压环。

缺陷描述：××线××号×相××侧第××片玻璃绝缘子自爆。

第四章 高级工技能培训

项目一 油位计、测高仪及红外成像设备的使用

一、培训目标

能够掌握使用油位计完成无人机汽油的测量;使用测高仪完成杆塔、导线的高度测量;使用红外成像设备完成安装、调试、拍摄,并读出该物体的温度读数;使用无人机遥控器完成红外成像设备的俯仰、旋转、放大和缩小操作。

二、实施方法

我们将通过介绍油动无人机让学员了解汽油的测量,通过测高仪原理讲解,掌握测高仪的基本使用技能,使用无人机搭载红外设备进行测温作业。

三、作业前准备

(一)材料和工器具

无人机、测高仪、红外设备、安全帽。

(二)场地

①架空输电线路杆塔附近。

②确保良好的工作环境,应在良好的天气下进行,遇有雷雨、雷云天气应停止检测,并撤离现场。

四、危险点分析及安全控制措施

油位计、测高仪及红外成像设备的使用危险点分析及安全控制措施

√	序号	危险点	安全控制措施	备注
	1	高空坠物	无人机飞前应进行检查	
			正确佩戴安全帽	
			不要站在无人机正下方	
	2	雷电活动或其他因素	作业中，遇雷云在杆塔上方活动或其他因素威胁作业人员安全时，应停止作业，并撤离现场	

五、作业流程及内容

（一）使用油位计完成无人机汽油的测量

目前，油动无人机在电力巡检中使用较少，主要是因为无人机失控导致次生灾害风险较高。油动无人机的油量直接关系到无人机的续航作业时间。为了方便油位读取，一般油动无人机都采用半透明油箱设计。

（二）测高仪的使用

1. 卫星测高原理及应用领域

卫星测高就是利用卫星上装载的微波雷达测高仪，辐射计和合成孔径雷达等仪器，实时测量卫星到海面的距离、有效波高和后向散射系数，并通过数据处理和分析，来研究大地测量学、地球物理学和海洋学方面的问题。

测高仪

2.测高原理

测高仪是一种星载的微波雷达。测高仪的发射装置通过天线以一定的脉冲重复频率向地球表面发射调制后的压缩脉冲，经海面反射后，由接收机接收返回的脉冲，并测量发射脉冲的时刻与接收脉冲的时刻的时间差。根据此时间差和返回的波形，便可以测量出卫星到海面的距离。

3.测高仪使用

①将符合数显高度测量仪测量范围的仪器认真擦拭干净，不得用此高度测量仪测量带有油污的零件或样品。

②根据测量仪准备好各种辅助测量工具。

③安装测量仪支撑架并安装部位锁紧。

④开机，轻按驱动轮电源按钮开启数显高度仪。

⑤开机后，慢慢旋转驱动轮使B线达到水平位置。

⑥到达水平位置之后观察显示器内位置数据。

⑦测量完毕后，关闭电源和数显高度测量仪电源做好维护保养工作。

（三）红外设备的使用

1.设备构成

红外热像仪的构成包括五大部分：

（1）红外镜头

接收和汇聚被测物体发射的红外辐射。

（2）红外探测器组件

将热辐射型号变成电信号。

（3）电子组件

对电信号进行处理。

（4）显示组件

将电信号转变成可见光图像。

（5）软件

处理采集到的温度数据，转换成温度读数和图像。

2.红外热像仪设备的正确使用方法和安全注意事项

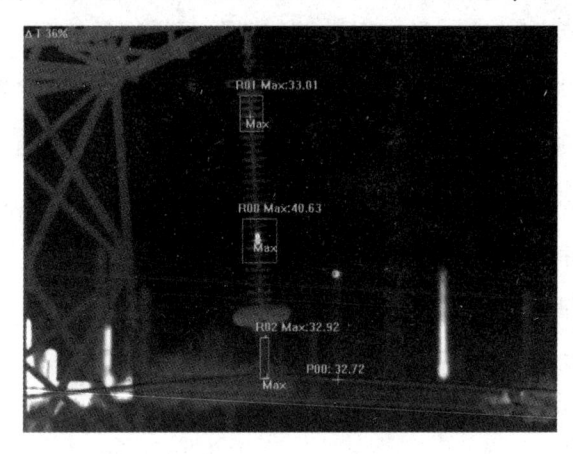

输电线路检测

（1）调整焦距

这一步骤要在红外图像存储之前做，在目标上方或周围背景的过热或过冷的反射影响到目标测量的精确性时，则试着调整焦距或者测量方位，以减少或者消除反射影响。当红外图像保存完毕时，就无法再改变焦距以消除其他杂乱的热反射。

（2）正确的测温范围

在测温之前，应当对红外热成像仪的测温范围进行微调，使之尽可能符合被测目标温度，才能保证得到最佳图像质量。

（3）最大的测量距离

红外热成像仪与被测目标距离应当适中，距离过小会导致无法聚焦为清晰图像，如果距离过大则导致目标太小难以测量出真实温度。要提前调好适中距离，尽可能让目标物体充满仪器所在现场，方能得到尽可能精确的数据。

（4）保持仪器平稳

当使用红外热成像仪时，应保证在按下存储键时，轻缓和平滑，保证制成图像精准防模糊，建议使用红外热成像仪时，在胳膊下放置支撑物来稳固保持平衡，仪器放在平面上，或者用三脚架支撑，更加稳固。

（5）精确测量

红外热成像仪生成清晰红外热图像的同时，还要求精确测温。红热外图像能够用来测量现场温度情况，精确测温则是要进一步测量其他温度情况，包括发射率、风速和风向等，透彻地对目标温度加以比较和趋势分析。

（四）无人机红外设备操作

无人机红外操作与可见光相机是一致的，主要还是依靠无人机的飞行加上云台控制来实现捕捉拍摄目标。大疆禅思XT2双光一体相机采用DJI Pilot App控制，除控制拍照、录像和回放外，还提供聚焦、数字变焦、显示模式（红外、可见光、画中画、融合）选择，进入不同显示模式可选择调色板、场景，启动点测温与等温线等更多功能。

项目二　小型多旋翼无人机"8"字飞行

一、培训目标

使用多旋翼无人机在3～5min范围内完成多旋翼无人机的水平"8"字飞行。在飞行过程中，机头应始终与飞行路径保持相同，飞行速度应平缓匀速，不得出现位置较大偏差、错舵现象。

二、实施方法

"8"字飞行可以在很大程度上培养飞手在航线中对直升机方位感的适应性，又能在一个航线中将向左转弯和向右转弯同时练到，是初级航线飞行必练的科目。飞手开始可以根据自己的习惯选择在两侧转弯的方向，但最终一定要全部练到，即在左侧顺时针转弯在右侧逆时针转弯，或者在左侧逆时针转弯在右侧顺时针转弯。"8"字飞行的诀窍在于：根据自己的能力控制飞机前行的速度，并在航线飞行过程中不断纠正姿态和方位，努力做到动作优美、规范。标准的"8"字小航线飞行为：左右圈飞行半径一致，"8"字交叉点在操控手正前方，整个航线飞行中飞行高度一致、速度一致。如果能在4级风下基本达到上述标准，则说明"8"字小航线飞行过关了。当慢速飞行已非常熟练时，可以尝试一下加快飞行速度。

三、作业前准备

（一）材料和工器具

多旋翼飞行器1架、遥控器1台、螺旋桨4对、智能飞行电池1个、锥筒7个。

（二）场地

①无人机训练场地，保证空旷无障碍物，无电磁干扰。

②确保良好的工作环境，应在良好的天气下进行，遇有雷雨、雷云天气，应停止操作，并撤离现场。

四、危险点分析及安全控制措施

小型多旋翼无人机"8"字飞行危险点分析及安全控制措施

√	序号	危险点	安全控制措施	备注
	1	设备损坏	使用的无人机巡检系统应通过试验检测。作业时，应严格遵守相关技术规程要求，严格按照所用机型要求进行操作	
			现场应携带所用无人机巡检系统飞行履历表、操作手册、简单故障排查和维修手册	
	2	无人机失控	工作地点、起降点及起降航线上应避免无关人员干扰，必要时可设置安全警示区	
			现场禁止使用可能对无人机巡检系统通信线路造成干扰的电子设备	
	3	火灾隐患	带至现场的油料应单独存放，并派专人看守；作业现场严禁吸烟和出现明火，并做好灭火等安全防护措施	
			加油及放油应在无人机巡检系统下电、发动机熄火、旋翼或螺旋桨停止旋转以后进行，操作人员应使用防静电手套，作业点附近应准备灭火器	
			禁止使用过放电鼓包的电池，并防止电池高处坠落受尖锐物体打击发生自燃	

续表

√	序号	危险点	安全控制措施	备注
	4	人身伤害	起飞和降落时，现场所有人员应与无人机巡检系统始终保持足够的安全距离，作业人员不得位于起飞和降落航线下	
			自旋过程中任何人员不得进入飞行区域，以免发生螺旋桨伤人事件	
			操作作业现场所有人员均应正确佩戴安全帽和穿戴个人防护用品，正确使用安全工器具和劳动防护用品	
			现场作业人员均应穿戴长袖棉质服装	
	5	其他	工作前8h及工作过程中不应饮用任何酒精类饮品	
			工作时，工作班成员禁止使用手机；除必要的对外联系外，现场操作人员不得使用手机	
			现场不得进行与作业无关的活动	
			飞行结束后要向现场负责人进行汇报，听到指令后方可降落	

五、作业流程及内容

本项目主要考查操作选手对巡检作业用无人机的操控能力和娴熟程度。

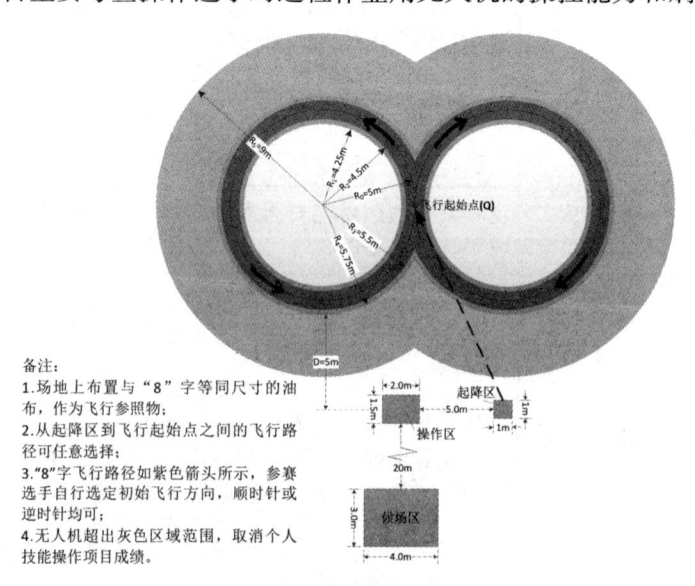

考场示意图

考场示意图

①操作选手在候场区将小型多旋翼无人机展开完毕，获得现场考评员指令后携带无人机进入比赛场地。

②在指定起降区，将无人机设置为"有头"模式，关闭任务设备和高度辅助模块，进行功能自检。

③获得现场考评员许可后，操作选手进入指定操作区，以增稳飞行模式控制无人机从起降区起飞至"8"字飞行起始点（飞行路径可任意选择），并调整高度至指定高度范围内（起始点指定高度为5~8m，含5m和8m）后稳定悬停，待现场考评员确认高度并下令后，开始"8"字飞行。若现场考评员测量后认为稳定悬停高度不在指定高度范围内，操作选手须对高度进行调整，直至达到指定范围内。整个飞行过程分为两圈，其中第一圈为正飞，第二圈为退飞。

④飞行结束后，操作选手控制无人机悬停于"8"字飞行起始点，向现场考评员汇报并获得许可后，将无人机降落至起降区地面。

1.飞行准备

无人机在使用过程中一定要注意在起飞前反复检查各项准备工作是否到位，如紧固件是否牢固、螺旋桨有无损坏、电机运转是否顺畅等一系列因素。飞行前，检查遥控器电压是否处于发射信号状态，地面站电压是否支持飞行，飞机是否处于接收信号状态。打开遥控器前，要注意，天线一定要处于有利飞行位置，功能开关处于关闭状态，油门位置要收到最低。然后，设置遥控器通道，设置好后选择正确的模型类型，检查发射端发射制式，还有失控保护。在确认飞行空域是否安全，起飞前确认围观群众在飞手身后，多旋翼距离飞手5m以上安全距离后，用地面站确定飞机各项系数是否正常，GPS星数达到起飞要求后再解锁起飞，若起飞后飞机有明显的晃动，则在地面站上调整飞机的电机平衡性和震动系数。飞手要放松心态，冷静，打舵量要柔和，尽量慢一点操作，循序渐进，给自己留有反应的时间。

2.主要流程

定点起飞，360°自旋，水平"8"字，定点降落。

①起飞，必须凑个停机坪垂直起落，悬停高度2～5m，悬停时间在2s以上。要求：必须从半径1m的圆圈中心起飞，垂直上升，直到起落架到达指定高度位置，悬停时间在2s以上。

②360°自旋，顺时针或者逆时针匀速地绕机体中轴线旋转一周，时间控制在5s以上，同时高度不应有变化。练习方法：多练习"8"位悬停，防止错舵，自旋的时候尽量慢一点给自己留有反应时间。虽然考试不限顺时针或者逆时针旋转，但是对于两种自旋都要熟练，对考试的第二项水平"8"字有着很大的帮助。

③水平"8"字，从悬停位置直接进入水平"8"字航线，切入航线方向不限，动作完成后转成对位悬停准备降落。练习方法：与360°自旋有着不可分割的关联，是在完成360°自旋后的更高层次的操作，先练习画正方形，能够精准地找好4个切点之后，再画圆，找好8个切点，完成动作。

④降落，使飞机移动至起降区上空平视高度处悬停2秒，垂直降落。注意：在悬停动作中，所有停止必须保持最少2秒的间隔，圆形和线形悬停部分必须以常速进行，每一次旋转都要以一个固定的速率进行。

飞行中，飞手或者助手必须要大声地向考官报告每个动作的名字，起飞悬停，自旋，水平"8"字，降落。

项目三　无人机设备保养

一、培训目标

能够掌握多旋翼或固定翼无人机的组装、拆卸、清洁、调试、测试工作，熟练掌握多旋翼无人机维修和保养要求，完成多旋翼无人机的电机更换操作。

二、实施方法

无人机作为一种比较精密的电子机械设备除了正常使用外，要想保证其正常飞行和使用寿命，除了要保证按照规范正常操作使用外，还需要经常对无人机进行维护保养。所以，在日常使用过程中，需要注意一些问题及使用过后的维护保养方法。通过本章节的培训与考核使学员熟练掌握无人机的基础保养知识，能对自己使用的无人机严格按照保养要求进行定期的维护与保养。

三、作业前准备

（一）现场准备

无人机组件、电烙铁、工具包、酒精、万用表、热缩管、各型号线材、胶带、各型号螺丝、多功能电池充电器。

（二）场地

①室内应该选择安静无闲杂人等、设施工具齐全的条件下进行。

②室外应选择空旷无高大建筑物、无强磁干扰、人员流动稀疏的场地下进行。

四、危险点分析及安全控制措施

√	序号	危险点	安全控制措施	备注
	1	人身伤害	飞行前请按照流程仔细检查，飞控手禁止与其他人嬉笑打闹，飞控手视线不得随意离开飞行器；双手不能离开遥控器操纵杆	
			必须将飞行器控制在视线范围内，禁止在人群上方飞行	
	2	设施及物品损坏	高层建筑、高压线、发射塔、树木、人群等的位置，飞行时要避免接近，保持30m安全距离和25m安全高度	
			动力电池应固定到电池座上，通过调节电池前后位置来使飞行器前后平衡后，电池一定要固定牢固，避免飞行器做大动作时电池滑动或掉落	
	3	天气影响或其他因素	调试中，遇雷电或恶劣天气，空中测试机应立即返航，人员迅速撤离到安全区域	

五、作业流程及内容

（一）机身检查

无人机是复杂机密的设备，在飞行中，机身会承受很大的作用力，可能导致一些物理损坏，飞行前的机身检查有助于及时发现这些损坏保证飞行安全。机身检查应当至少检查以下项目：

①机身是否有裂纹。

②螺丝钉或紧固件有无松动或损坏。

③螺旋桨有无损坏、变形,以及安装是否紧固。

④电池安装是否牢固。

(二)修理和更换

修理和更换被分为重要的和次要的两个级别。重要的修理和更换应该由局方评级的认证修理站、持有检查授权的局方认证人员,或者在局方的代表批准后执行。

常见的一些无人机部件需要修理和更换的情况如下:

1.电池

一般电池的正常使用寿命是很长的,如果电池坏了,就需直接更换新的。

2.螺旋桨

螺旋桨的材质具有特性,损坏较快。桨叶一旦出现裂痕、缺口等会直接影响飞行稳定性,所以,需要直接更换新的桨叶。

3.电机

除了螺旋桨外,对飞行稳定性影响最大的就是电机了。如果无人机在悬停时出现无故侧倾或无法顺利降落,则有可能是电机出了问题,可先尝试重新校正机身后再起飞。如果仍然出现问题,那么一定要及时送厂检修,避免出现电机停转导致无人机失控,甚至坠毁。

(三)动力系统的维护

1.电池的使用注意事项

正确使用可以延长锂聚合物电池的使用寿命。有些用户根据传统电池的使用经验,在新的锂聚合物电池开始使用后先充满电再放光电,以为这种方法能激活电池的最大潜力。还有些用户得到新电池后长期放置不用,以为只要没用过,对电池的寿命就没有影响。对锂聚合物电池,这两种都是非常错误的使用习惯。深度放电对锂聚合物电池的寿命会产生严重伤害，一块锂聚合物电池只要深度放电2次寿命就终结了。在长期存放电池时，要定期地充电；在日常使用电池时，要避免电池电量完全放光，可以有效地延长电池寿命。每次使用完电池必须等待完全冷却后才能重新充电，避免电池处于高温状态或在高温环境下充电。

长时间存放而不使用的电池，应保持电池总电量的70%。当处于未被使用的状态当中时，锂电池会有一个自动放电的过程。如果放电电压低于2.4V，则会严重损坏电池，导致电池不能再使用。因此，建议每隔3周检查电池或重新为电池充1次电。多功能电池检测仪可以正确地显示电池的状态。

要正确设置充电电流，过大的电流充电也会影响电池寿命，同时也不能完全充满。

电池只适合在室温下保存和使用，电池的温度在4℃以下时放电性能会下降，电池的温度在-10℃以下时会因电池放电导致性能严重下降，甚至会导致电池完全不放电，所以，应尽量避免将电池长时间在低温环境下放置。如果电池的温度较低，如冬天在户外的汽车中过夜，那么在使用前应将电池放到温暖环境中，慢慢加温到20℃～40℃后再使用。如果多旋翼无人机在低温环境下飞行作业，则应做好电池的保暖工作，如将电池放置在有暖气的汽车内或工作人员的怀里，在使用前的最后一刻再取出装在无人机上，一旦装上就要尽早起飞，让电池开始工作。电池在放电过程中会产生热量，可以避免电池温度过低。但即使做好电池使用前的保温工作，-10℃以下的低温环境仍然会让电池的放电性能严重下降，在使用中需要特别注意。

要避免在4℃以下的低温环境里对电池进行充电，在太低的温度下，电池有时甚至充不上电。但这只是暂时状态，一旦环境温度升起来，电池中的分子受热，就会马上恢复到以前的蓄电能力。

锂电池在35℃以上的高温环境下工作，电量也会减少，电池的供电时间会缩短。如果在这样的高温环境下对电池进行充电,对电池的损伤将更大。长期在高温环境中存放电池,也会不可避免地对电池的质量造成相应的损坏。夏天在室外进行飞行作业时,一定要避免电池在阳光下暴晒。尽量保持在适宜的温度下操作是延长电池寿命的好方法。

要想发挥电池的最大效能,就需要经常用电池。如果不经常使用电池,则要每月给电池大幅度充电和放电1次。

不要把电池放在有硬币或钥匙的口袋中,也不要把电池放在雨后或结露的潮湿草地上,因为这些情况下有可能导致电池短路。

飞行时,如果地面站电压告警,无人机必须马上降落。即使只是暂时的电压告警,接着马上电压显示正常,无人机也必须降落。降落后要及时把电池取出,起飞前换入充满电的电池,避免与部分放电的电池弄混,很多坠机和粗暴着落都是由于使用了未完全充满电的电池引起的。

2.电机、电调的维护和保养

除了螺旋桨外,对飞行稳定性影响最大的就是电机了。无人机如果在起飞、悬停时出现无故侧倾或无法顺利降落,则有可能是电机出了问题。所以,对电机的维护就显得格外重要了。

避免无刷电机长期工作在高温环境:

①电机长期处于100℃以上的高温环境中,将对无刷电机的各个系统造成损伤。

②钕铁硼磁铁不耐高温,在接近其耐温极限时,将持续性发生退磁,温度越高其退磁的速度越快。退磁后,电机磁性下降,扭矩下降,对电机性能将造成不可逆的损伤。

③轴承不可长期工作在高温环境,高温将使轴承内部润滑油发生挥发。滚珠将因高温发生形变,从而加速磨损。

④当发现电机运转时与以前的声音不同或发卡、发热有差异时,加精密轴承润滑脂,对电机运转的声音和发热会有所改善,并且能延长轴承的

使用寿命。

⑤避免电机进水，保持内部干燥。

⑥进水将有可能导致轴承生锈，加速轴承磨损，降低无刷电机寿命。另外，硅钢片、转轴、电机外壳也都有生锈的可能。

⑦由于电机容易进水或沙尘，需要常清擦电机，及时清除电机机座外部的灰尘、油泥。如果使用环境中灰尘较多，那么最好每次在飞行之后清扫一次。

⑧定时检查电机轴承磨损情况。

⑨电机轴承的检查方法是，去掉螺旋桨驱动电机，正常的转动没有杂音，声音浑厚。如果声音带杂音，并且有类似有沙子在内部的杂音，则轴承有损伤需要更换。

（四）无人机维护清理

无人机的一些简单维护保养可独立完成。需要准备一个小工具箱，包含无人机的保养、清洁和修理工具等工具。这些工具需与无人机的品牌、型号相匹配。

清理工具包括：

1.柔软的小清洁刷

用于清除陷入无人机角落与缝隙中的尘垢，也可以用清管器代替。

2.罐装压缩空气

清洁彻底，不留水痕，环保配方，带强力小气吹，能有效的清洁缝隙的灰尘，适合用来清除无人机电机或电路板旁边的尘垢，而且还不会损坏无人机。

3.异丙醇

这种清洁剂可以祛除污垢、草渍、血液等顽渍，还不会损坏电路，可以让无人机外壳光洁如新。

4.超细纤维布

这种布吸水去污能力强,易清洗,不掉毛,不生菌,不伤物体表面,又可以与异丙醇协同工作,对无人机进行清洁。

项目四　任务设备保养

一、培训目标

能够掌握完成无人机云台的安装、拆卸、清洁、润滑工作，完成红外成像设备的镜头擦拭、镜头的拆装、存储卡清理工作。

二、实施方法

通过学习完成无人机云台的安装、拆卸、清洁、润滑工作，完成红外成像设备的镜头擦拭、镜头的拆装、存储卡清理工作。

三、作业前准备

（一）材料和工器具

红外、云台、配套检修工具。

（二）场地

无人机机库、无人机检修台。

四、作业流程及内容

（一）云台使用与维保

出于安全考虑，云台在使用和维保过程中要关注以下事项：

①如果云台有防脱绳，检查防脱绳是否拧紧，绳子是否磨损。

②确保伺服驱动模块转动过程不被任何物品阻挡。

③检查云台减震球是否塑胶老化破裂、漏液。

④上电之前,手动转动云台,确保云台三轴运动都不受阻碍。

⑤安装相机时要严格控制云台重心。

⑥确保所有连线正确,检查外置云台板线材及插头是否损坏。

⑦安装云台时,注意云台连接线妥善固定,检查图传情况,避免连接线异常影响工作使用,确保无线视频传输模块正常工作。

⑧云台机身接地,请避免电源线接触云台。

⑨上电时请保证使云台保持水平,飞行前,检查云台自检是否正常。

⑩飞行后,检查下云台接口云台相机是否有沙石、水,进行适当擦拭晾干检查以下部件,避免进尘。

⑪使用一段时间后,建议检查排线是否正常连接。

⑫金属接触点是否氧化或者无损(可用橡皮擦清洁)、云台快拆部分是否松动、风扇噪音是否正常。

⑬系统通电之后,检查云台电机运转是否正常。

⑭检查减震球,若发现视频图像不稳定,此时并不一定是云台出了问题。应该检查连接云台与飞行器的减震板上的减震球。当拍摄视频出现果冻现象时,有大可能性是减震球过硬或破损。一旦发现其破损了,应马上更换,以免航拍影片画面产生扭曲或波动。一般情况下,自购云台产品可能配备多款减震球以适配不同的飞行器。

(二)红外成像设备使用与维保

1. 红外热像仪设备的基本知识

自然界中的物质都是由持续运动的分子组成的,热的分子要比冷的运动得更"快"。热能总是不可逆地从高能级区域向低能级区域转移,此过程不可逆。热的传递方式有三种:传导、对流和辐射。其中,辐射是真空中唯一的导热方式。由于黑辐射体的存在，任何物体都依据温度的不同对外进行电磁波辐射。所有高于绝对零度（-273.15℃）的物体都能产生热辐射（红外辐射）。

将物体发出的不可见红外能量辐射转变为可见的热图像，热图像的上面的不同颜色代表被测物体的不同温度。

红外热像是一门使用光电设备来检测和测量辐射并在辐射与表面温度之间建立相互联系的科学。辐射是指辐射能(电磁波)在没有直接传导媒体的情况下移动时发生的热量移动。所有高于绝对零度(-273℃)的物体都会发出红外辐射，通过查看热图像，可以观察到被测目标的整体温度分布状况，研究目标的发热情况，从而进行下一步工作的判断。

2.设备构成

红外热像仪的构成包括五大部分：

①红外镜头：接收和汇聚被测物体发射的红外辐射。

②红外探测器组件：将热辐射信号变成电信号。

③电子组件：对电信号进行处理。

④显示组件：将电信号转变成可见光图像。

⑤软件：处理采集到的温度数据，转换成温度读数和图像。

3.红外热像仪设备的正确使用方法和安全注意事项

①调整焦距，要在红外图像存储之前做，如果目标上方或周围背景的过热或过冷的反射影响到目标测量的精确性时，试着调整焦距或者测量方位，以减少或者消除反射影响。

②正确的测温范围，在测温之前，应当对红外热成像仪的测温范围进行微调，使之尽可能符合被测目标温度。

③最大的测量距离，红外热成像仪与被测目标距离应当适中，距离过小会导致无法聚焦为清晰图像，距离过大导致目标太小难以测量出真实温度。

④保持仪器平稳，就像照相时有防抖动功能一样，使用红外热成像仪时应保证在按下存储键时，轻缓和平滑，保证制成图像精准防模糊，建议使用红外热成像仪时，仪器放在平面上，或者用三脚架支撑，更加稳定。

⑤红外热成像仪生成清晰红外热图像的同时，还要求精确测温，红外图像能够用来测量现场温度情况，精确测温则是进一步测量其他温度情况，包括发射率、风速及风向等。

⑥掌握正确使用红外热成像仪的方法，能降低意外故障发生概率。

⑦避免阳光直射。

⑧不使用时做好防尘工作。

⑨清洁镜头时应按照下列步骤小心进行：

第一，轻轻吹走浮尘。如果灰尘较多，可用压缩空气等慢慢吹除。

第二，用软刷或专用镜头纸轻轻擦去剩余的颗粒。

第三，将棉签或镜头纸在蒸馏水中蘸湿，擦拭镜头表面，注意不要留下划痕。

项目五　无人机特殊巡视

一、培训目标

能够掌握在保证安全的条件下完成无人机对架空输电线路的特殊巡视工作，完成无人机工作票（单）的签发、许可工作，使用多旋翼无人机完成架空输电线路直线塔的超视距巡检工作。

二、实施方法

了解特巡的工作要点，通过无人机工作票的签发和许可掌握工作票要领，使用多旋翼无人机进行输电线路直线塔超视距巡检实操作业。

三、作业前准备

（一）材料和工器具

无人机、工作票、安全帽。

（二）场地

①架空输电线路杆塔附近。

②确保良好的工作环境，应在良好的天气下进行，遇有雷雨、雷云天气，应停止作业，并撤离现场。

四、危险点分析及安全控制措施

√	序号	危险点	安全控制措施	备注
	1	高空坠物	无人机飞前应进行检查	
			正确佩戴安全帽	
			不要站在无人机正下方	
	2	雷电活动或其他因素	作业中,遇雷云在杆塔上方活动或其他因素威胁作业人员安全时,应停止作业,并撤离现场。	

五、作业流程及内容

(一)特殊巡视工作

1.特殊巡视

在特殊情况下或根据特殊需要,采用特殊巡视方法进行的线路巡视,特殊巡检包括夜间巡视、交叉巡视、登杆塔检查、防外力破坏巡视等。

2.无人机常用的巡视内容

①检查沿线环境有无影响线路安全的情况。

②检查杆塔、拉线和基础有无缺陷和运行情况的变化。

③检查导线、地线(包括耦合地线、屏蔽线)有无缺陷和运行情况的变化。

④检查绝缘子、绝缘横担及金具有无缺陷和运行情况的变化。

⑤检查防雷设施和接地装置有无缺陷和运行情况的变化。

⑥检查附件及其他设施有无缺陷和运行情况的变化。

⑦检查相位、警告、指示及防护等标志缺损、丢失,线路名称、杆塔编号字迹不清。

(二)无人机工作票(单)的签发、许可工作

1. 工作票的签发与填写

①作票由设备运维管理单位(部门)签发,也可由经设备运维管理单位(部门)审核合格且经批准的运行检修单位签发。运行检修单位的工作票签发人、工作许可人和工作负责人名单应事先送有关设备运维管理单位(部门)备案。

②工作票应用黑色或蓝色的钢(水)笔或圆珠笔填写与签发,一式两份,内容应正确,填写应清楚,不得任意涂改。如有个别错、漏字需要修改时,应使用规范的符号,字迹应清楚。

③用计算机生成或打印的工作票应使用统一的票面格式。由工作票签发人审核无误,手工或电子签名后方可执行。

④一张工作票中,工作许可人和工作票签发人不得兼任工作负责人。

⑤工作票一份交工作负责人,一份交工作许可人。工作票应至少提前一天交给工作负责人和工作许可人。

⑥工作票由工作负责人填写,也可由工作票签发人填写。

2. 工作许可

①"许可方式"栏的填写:办理工作许可手续方法时,当面办理、电话办理或派人办理。

②"许可人"栏的填写:当面办理和派人办理时,工作许可人和办理人在两份工作票上均应签名。电话办理时,工作许可人及工作负责人应复核无误,由工作负责人代为签名。

③"工作负责人"栏的填写:工作负责人应在工作开始前向工作许可人申请办理工作许可手续,在得到工作许可人的许可后,亲笔签名。

④"许可工作的时间"栏的填写:由工作许可人许可工作开始的时间。

⑤班组成员在确认工作负责人布置的工作任务和安全措施后,在"班

组成员签名"栏亲笔签名确认，方可开始工作。

⑥"工作负责人变动的情况"栏的填写：若工作负责人必须长时间离开工作现场时，应由原工作票签发人变更工作负责人，履行变更手续，并告知工作班全体成员及工作许可人。原、现工作负责人应做好必要的交接。

⑦"工作人员变动情况"栏的填写：填写变动人员姓名、日期及时间。工作负责人应向新加入的工作班成员交待工作内容、人员分工、技术要求和现场安全措施等，进行危险点告知。

⑧"工作票延期"栏的填写：

第一，工作票的有效截止时间，以工作票签发人批准的工作结束时间为限。

第二，工作票只允许延期一次。若需办理延期手续，应在有效期截止时间前2h由工作负责人向工作票签发人提出申请，经同意后由工作负责人报告工作许可人予以办理。

第三，按要求填写许可后的延期时间，工作负责人和工作许可人分别签名确认。

（三）使用多旋翼无人机完成架空输电线路直线塔的超视距巡检工作

①起飞后在低空进行悬停检查，判断机体状态和悬停精度。在检查无误后开始巡检作业。检查飞行模式，选择最佳飞行线路，避免遮盖物和飞行障碍物。缓慢上升至左侧绝缘子串水平位置，根据相导线位置调整飞行角度和云台摄影角度，左相的绝缘子串、金具进行拍摄，先拍摄左侧绝缘子串、金具整体情况；再调整焦距，对局部情况进行拍摄。其要点在于拍摄绝缘子情况、联板情况，压接管连接板，螺栓开口销，以及其他巡检特殊要求拍摄要点。

②在保证飞行安全的情况下匀速、缓慢上升至杆塔顶部，悬停高度略

高于地线顶架，调整云台角度，对左侧地线及挂点和金具进行拍摄。在拍摄过程中为防止脚架对拍摄造成遮挡，可适当旋转无人机，在旋转过程中注意避免脚架等设备对飞行信号造成的干扰。其拍摄要点与左相拍摄要点相似。

③结合云台观测到的情况以及杆塔高度数据提高飞行高度，在飞行过程中注意和地线的距离，必须在飞行高度超过地线顶架并保持相关安全距离后方可接近杆塔，翻越杆塔至另一侧，缓慢下降，悬停高度略高于右侧地线顶架。保持对尾姿态，旋转云台并调整拍摄角度，对右侧地线及挂点和金具进行拍摄，其要点与左侧相同。

④缓慢下降至右侧绝缘子串水平位置，在下降过程中注意保持与杆塔的安全距离。对右相的绝缘子串及连接金具进行拍摄，先拍摄整体，再调整焦距，拍摄局部，其要点与左侧相同，关注飞行姿态及飞行情况，一旦出现飞行状况，可根据现场情况停止拍摄，就近返航或采取安全策略。

⑤缓慢上升至合适高度，避免杆塔遮挡，对大小号侧通道及周围危险点进行拍摄。拍摄时注意通道情况不得有遮挡，以照片可以看见上（下）一基杆塔为宜，注意通道内的树木、施工点，以及特别拍摄要求等需要关注的拍摄要点。

项目六　通道巡视

一、培训目标

通过本章节的学习学员能够掌握无人机通道巡视的重点内容，完成使用多旋翼无人机完成架空输电线路通道的拍摄工作，完成使用固定翼无人机完成架空输电线路通道的拍摄工作。

二、实施方法

无人机搭载的传感器不同，通道巡检分为快速巡检和扫描巡检。快速巡检要求利用可见光相机/摄像机、红外热像仪、紫外成像仪等装置对线路设备及线路走廊进行快速检查，主要巡检对象包括导地线异物、杆塔异物、通道下方树木、违章建筑、违章施工、通道环境等，适用于没有特殊运维需要线路的巡检。

扫描巡检要求利用三维激光扫描仪对线路设备及通道环境进行扫描检查，获取三维点云数据；主要巡检对象包括通道下方树木、违章建筑、违章施工、通道环境等，适用于对线路通道安全测距以及线路走廊整体三维建模。旋翼或固定翼无人机巡检系统均可用于通道巡检。

多旋翼、固定翼无人机通道巡检对象、内容及手段

通道及电力保护区	建（构）筑物	有违章建筑，导线与之安全距离不足等	可见光相机/摄像机、激光扫描仪
	树木（竹林）	有超高树木（竹），导线与之安全距离不足等	
	交叉跨越变化	出现新建或改建电力及通信线路、道路、铁路、索道、管道等	
	山火及火灾隐患	线路附近有烟火现象	可见光相机/摄像机、红外热像仪、紫外成像仪
		有易燃、易爆物堆积等	可见光相机/摄像机
	违章施工	线路下方或保护区有危及线路安全的施工作业等	可见光相机/摄像机
	防洪、排水、基础保护设施	大面积坍塌、淤堵、破损等	
	自然灾害	地震、山洪、泥石流、山体滑坡等引起通道环境变化	
	道路、桥梁	巡线道、桥梁损坏等	
	污染源	出现新的污染源或污染加重等	
	采动影响区	出现新的采动影响区、采动区出现裂缝、塌陷对线路影响等	
	其他	线路附近有人放风筝、有危及线路安全的漂浮物、采石（开矿）、射击打靶、藤蔓类植物攀附杆塔	

三、作业前准备

（一）材料和工器具

固定翼/多旋翼无人机巡检系统、风速仪、测频、温湿度仪、测电器、重心测量仪、无人机拆装工具、个人工具、围栏、巡视记录本及笔、GPS位置坐标采集器、望远镜、对讲机、数码相机等。

（二）场地

运行中的架空输电线路。

四、危险点分析及安全控制措施

√	序号	防范类型	危险点	预防控制措施
	1	意外伤害	交通事故	应遵守交通法规，避免车辆伤害
			摔伤	路滑慢行，遇沟、崖、墙绕行
			中暑、冻伤	暑天、大雪天必要时由4人进行，且做好防暑、防冻措施
	2	机体损伤	搬运运输	运输时牢固放置无人机系统，防止颠簸；无人机搬运时轻拿轻放，保证无人机及各备品备件安全
	3	无人机丢失卫星	无人机丢失卫星	程控手加强观测及时汇报操控手相关信息
				作业前，固定翼无人机应预先设置突发和紧急情况下的安全策略
				现场禁止使用可能对无人机巡检系统造成干扰的电子设备，作业过程中，操控手和程控手严禁接打电话
	4	摔机	起降操作及巡检过程中环境变化	作业前，严格执行飞行前检查步骤后方可起飞；工作中，严格遵守有关规定，禁止擅自违规操作、严禁误操作
				巡检飞行速度不宜大于30m/s
				起飞和降落宜在同一场地

续表

√	序号	防范类型	危险点	预防控制措施
	5	无人机伤人	螺旋桨伤人	机起飞和降落时,作业人员应与其始终保持足够的安全距离,避开起降航线;螺旋桨转动时,严禁无关人员接近
				固定翼无人机巡检系统断电应在螺旋桨停止转动以后进行
			碰撞伤害	使用弹射起飞方式时,应防止橡皮筋断裂伤人;弹射架应固定牢靠,且有防误触发装置
	6	火灾		做好灭火、防爆等安全防护措施,禁止吸烟和出现明火
				油动无人机,加油和放油操作应在良好天气条件下进行,操作人员应使用防静电手套
	7	天气变化	飞行过程中出现危及飞行安全的特殊天气情况	如遇大雨、大风、冰雹等恶劣天气或出现强电磁干扰等情况时,不宜开展作业
				起飞前,应确认现场风速符合现场作业条件
				巡检区域处于狭长地带或大档距、大高差、微气象等特殊区域时,作业人员应根据固定翼无人机的性能及气象情况判断是否开展作业
				特殊或紧急情况下,如需在恶劣气候或环境开展巡检作业时,应针对现场情况和工作条件制定安全措施,履行审批手续后方可执行
	8	误碰输电线路设备	碰撞导致无人机或线路设备损伤	巡检航线任一点应高出巡检线路包络线100m以上

五、作业流程及内容

现场作业流程包括:现场环境复核、现场交底、设备调试及检查、飞行巡检作业、设备撤收、工作终结等。

（一）现场环境复核

①开展任务前核对杆塔号和杆塔双重命名。

②作业人员对现场地形情况进行复核。

③现场测试气象指标。

第一，手持风速仪检查风速是否超过起飞要求。

第二，取出气温仪对环境气温进行检测，气温指标不得超过无人机说明书中规定的温度标准。

（二）现场交底

1.工作许可

①工作负责人应在工作开始前向工作许可人申请办理工作许可手续，在得到工作许可人的许可后，方可开始工作。

②许可内容为工作时间、作业范围、许可空域等。

③许可方式为当面汇报、电话许可、派人送达。

2.现场人员分工

①工作负责人负责组织巡检工作开展。

②操控手负责无人机操控，无专职工作负责人时兼任工作负责人。

③程控手负责任务载荷操作、地面站数据监控。

工作前，工作负责人检查工作票所列安全措施；进行"二交查"，包括交代工作任务、安全措施和技术措施，进行危险点告知，检查人员状况和工作准备情况。全体工作班成员明确工作任务、安全措施、技术措施和危险点后在工作票上签字。

（三）设备调试及检查

①设置工作围栏，设置功能区。功能区包括地面站操作区，无人机起飞降落区，工器具摆放区等，各功能区应有明显区分将无人机巡检系统从机箱中取出，放置在各对应的功能区。

②连接地面站天线，地面站天线应无遮挡，正确连接图传、数传天线，打开地面站软件。

③按冷舱启动检查单检查无人机动力系统的电能储备，确认满足飞行巡检航程要求。锂聚合物电池充满状态为单片电压4.2V。无人机巡检作业前单片电压小于3.8V禁止起飞。低温环境巡检：当环境温度低于零下10摄氏度时，宜选择低温放电性能好的电池，零下10摄氏度时放电能力不低于90%。

④查看无人机内飞控系统各部位器件插接是否牢固，如发现松动老化情况及时修复。

⑤现场校正调整无人机平衡点。

第一，先将无人机放置在平整的起降地点，安装旋翼要注意旋转方向。

第二，安装电池并检查重心点是否平衡，各旋翼的重心要相等，重心应在平衡杆的中心上，通过调整，把重心调整在中央水平点。一定要检查电池是否绑扎牢固。

⑥打开遥控器。操控手在确认遥控器所有开关关闭、油门杆处于最低位置，方可打开遥控器。此时不要操作遥控器的任何摇杆及开关，等待数据连接和对频，否则会造成进入设置程序或无人机失控、螺旋桨伤人等人身设备的安全隐患。

⑦无人机通电检查。

第一，打开相机锁或吊舱固定卡扣，接通主控电源，操控手拨动遥控器模式开关，检查飞行模式（手动、增稳和GPS模式，视无人机型号为准）切换是否正常，检查完成后接通动力电源，观察指示灯闪烁频次是否正常，电调提示音是否报警。

第二，观察地面站显示的GPS信号进行检测，等待地面站及GPS指示灯反馈已搜索到的卫星数量。

第三，飞控会自动对云台相机进行检索，操控云台查看姿态是否正常，图传是否及时反馈，没有黑屏、波纹及雪花等异常现象，此时如没打开相机锁，会造成多轴云台电子服务器损坏。

第四，调整数传/图传天线角度，调整角度应于地面站保持图像清晰稳定。

第五，无人机各项巡检飞行前检查完成后，在工作检查单逐一勾选，这项纪录工作在日后的问题查找及维修保养方面起着重要作用。

⑧初飞复检。

第一，电源接通后，待对频完成，飞行模式选择GPS模式，解锁指令打开，轻推油门摇杆，观察各电机转速是否正常。

第二，先将无人机起飞至低空悬停，操作各个通道，观察无人机响应状况，判断响应速度及旋翼声音是否正常。如发生震动异常，噪声过大，说明有部件松脱，要紧急降落排除故障。

（四）通道飞行巡检作业

小型无人机飞行作业，可根据实际需求调整悬停姿态及时间，一般情况下无人机通道巡检无人机设备采用上方巡检的方式，且不可在设备正上空长时间悬停，高速公路、铁路、人员密集区正上空禁止悬停，操控人员之间应保持联络，及时调整飞行姿态，起飞点至任务点要提前根据空况制定简单安全有效的航线，确保无人机巡检拍摄任务顺利完成。

（五）无人机返航及降落

完成既定任务，自动返航后通过半自动设置降低飞行高度，切换飞行模式，开伞降落飞机。无人机伞降或者垂直降落成功后第一时间断开动力电池，回收无人机。

项目七　任务制定、地面站操作及应急处置

一、培训目标

能够掌握无人机巡检前空域申报工作；完成无人机巡检航线的规划工作；使用无人机地面站进行无人机的起飞、飞行、悬停、降落的工作；使用无人机地面站读取无人机当前的电池电压、飞行状态、无人机位置、飞行速度、高度信息；在遇到障碍物的情况下对无人机采取避让、返航或就近降落；识别无人机指南针异常报警，并完成无人机指南针校准工作。

二、实施方法

通过了解空域申报基本要求掌握申报要领；使用软件对输电线路杆塔精细化巡检进行航线规划；使用无人机地面站进行无人机操作及信息监测；掌握应急避障处理技巧及指南针异常处理。

三、作业前准备

（一）材料和工器具

无人机、地面站、航线规划软件、飞控软件、安全帽。

（二）场地

①线路杆塔附近、无人机库房。

②确保良好的工作环境，应在良好的天气下进行，遇有雷雨、雷云天

气，应停止检测，并撤离现场。

四、危险点分析及安全控制措施

√	序号	危险点	安全控制措施	备注
	1	高空坠物	无人机飞前应进行检查	
			正确佩戴安全帽	
			不要站在无人机正下方	
	2	雷电活动或其他因素	作业中，遇雷云在杆塔上方活动或其他因素威胁作业人员安全时，应停止作业，并撤离现场	

五、作业流程及内容

（一）空域申报

1.飞行计划申请

飞行计划申请包括航空用户名称、任务性质、航空器型别、架数、机长姓名、航空器呼号、通信联络方法、起降机场（起降点）、备降机场、使用空域（航线）、飞行高度、预计飞行起止时刻、执行日期等。

2.飞行计划受理

通用航空飞行只向一个单位申报飞行计划。

3.场内场外飞行计划审批

通用航空用户向飞行服务站或军用机场、民用运输机场提出飞行计划申请（飞行活动范围在民用机场区域内由该机场审批），受理该飞行计划申请的单位集中报飞行管制分区主管部门。

4.飞行计划报备时限

（1）监视空域飞行计划

通航用户应在起飞前2h向飞行计划受理单位报备，飞行计划受理单位需在起飞前1h进行报备。

（2）报告空域飞行计划

通航用户应在起飞前1h向飞行计划受理单位报备，飞行计划受理单位需在起飞前30min进行报备。

（3）接受报备部门

原则上视为同意，如不同意，须在起飞前15min通知飞行计划受理单位。

5.飞行计划实施

军民航空管理部门严格按照飞行计划审批意见，组织飞行计划申请与实施。

（二）航线规划

1.添加杆塔

在2D视图下，选择杆塔中心点，选择杆塔类别；也可以在添加杆塔后，在杆塔列表中右键任意杆塔，选择"编辑杆塔类类型"，弹出杆塔设置对话框，可设置杆塔类型。

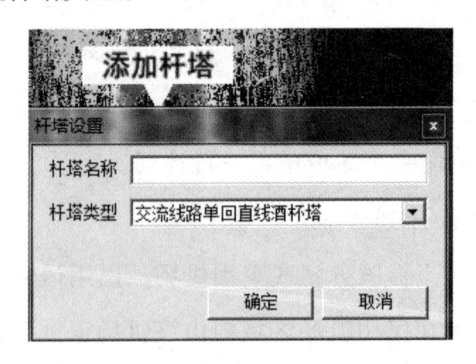

调整杆塔

2.插入杆塔

在2D视图下，选择杆塔中心点，选择杆塔类别，可在杆塔列表中选择杆塔，在选中杆塔前插入杆塔。

3.调整杆塔

在2D视图下，调整杆塔中心点坐标。

4.选取框架拍摄点

系统自动计算出杆塔框架拍摄点的位置。对框架拍摄点人工检查，并对位置有偏差的框架拍摄点编辑，完成选择框架拍摄点功能。

选取框架拍摄点

5.预测拍摄点

系统根据计算出的杆塔框架点，自动计算出杆塔拍摄点的位置。

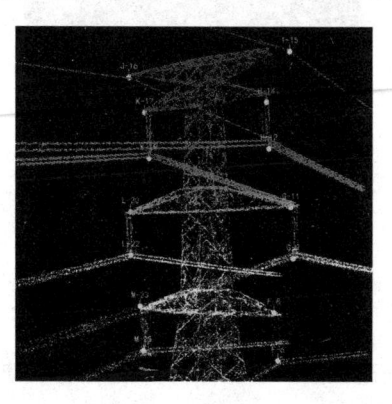

预测拍摄

6.点云特征提取

按住Ctrl键+鼠标右键，对拍摄点进行标记，使其处于红色选中状态，可连续选中多处拍摄点，依据点云特征对拍摄点进行调整。若不对拍摄点进行标记，将对全部拍摄点进行点云特征提取。

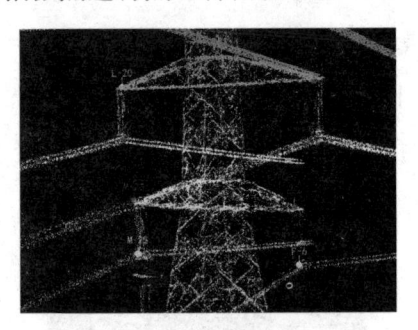

点云特征提取

7.生成航拍点和航线

依据参数设置中的飞机参数，相机参数，拍摄距离，安全距离，自动生成航拍点和辅助点，连接成航线，在3D视图中显示。

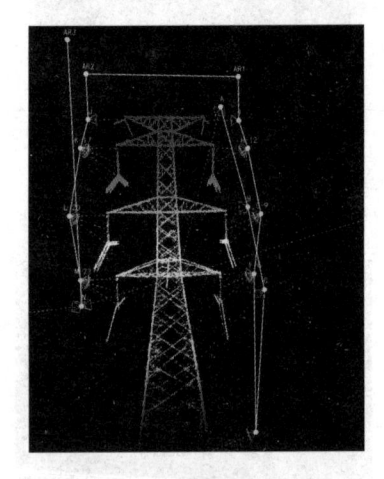

生成航拍点和航线

8.安全检查

依据参数设置中安全距离，对自动生成的航线进行安全检查。在3D视图中显示航线信息，其中，红色航线表示该段航线危险。红圈闪烁部位表示航线与点云之间的距离小于安全距离。

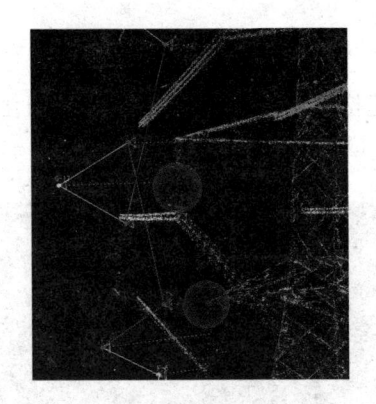

安全检查

9.导出巡检任务包

将生成航线信息打包导出。任务包包含线路中杆塔中心点坐标文件,杆塔拍摄点文件,杆塔点云文件。

(三)地面站使用

本实操以大疆无人机地面站DJI GO App软件为例进行介绍。

1.无人机的起飞与降落

无人机的起飞与降落

屏幕左边的两个图标就是无人机自动起降操作按钮,上面这个为自动起飞,下面这个为自动降落。

2.无人机的飞控控制

无人机除了手动飞行也可以使用航线飞行,此时只要导入无人机航线即可进行自主飞行。

以输电杆塔自主巡检应用软件为例，自主精细化实施步骤如下：

（1）选择飞行模式为巡视模式

选择飞行模式为巡视模式

（2）选择任务杆塔

单击地图杆塔图标，点击自动巡视，设置航线参数。

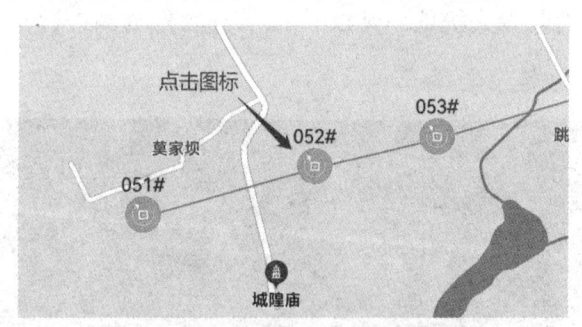

单击地图杆塔图标

点击自动巡视

设置航线参数

（3）自动起飞

自动起飞

巡视结束后，无人机将自动返航，待无人机降落到地面后，保持设备通电连接状态。

3. 无人机的空中监测

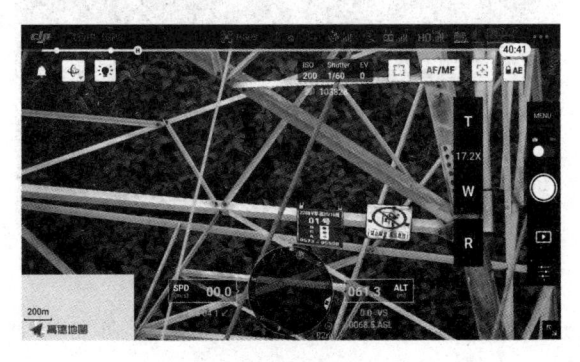

无人机的空中监测

屏幕左上角显示无人机的状态和飞行模式，顶部信息栏依次显示GPS模式、无线网络状态、GPS卫星颗数、飞行模式、遥控器信号、图传信号、电池电量以及电池电压。其下方的进度条显示飞行用时及预估的剩余时间。屏幕右侧为相机控制区。屏幕下方显示的是无人机当前机头朝向、飞行高度、飞行速度，距离起飞点距离等信息。屏幕左下方显示的是无人机在地图上的实时位置。

（四）应急操作

当出现障碍物时，无人机一般先悬停确认周边环境，依据实际情况选择绕飞或返航。

在巡检目标上方设备复杂的情况下，尽量不要使用一键返航，避免无人机上升过程中发生意外碰撞。

（五）指南针异常

当出现指南针异常时，无人机不能进行操作，并会在地面站提示"指南针需校准"。

①打开DJI GO App软件，进入"飞控参数设置"选项，如下图所示，然后进入下一步。

进入"飞控参数设置"选项

②完成上述步骤后，单击[传感器设置]选项，如下图所示，然后进入下一步。

单击[传感器设置]选项

③完成上述步骤后，单击"检查IMU"和"IMU校准"选项，校准时间为5~10min，如下图所示。这样，问题就解决了。

单击"检查IMU"和"IMU校准"选项

④如需校准指南针，请点击左上角"DJI"旁的【飞行器状态提示栏】，进入【飞行器状态列表】，点击【指南针-校准】，根据应用软件提示，在离地1.5m的距离，先水平旋转360°，再竖直旋转360°，完成指南针校准。

项目八 缺陷查找

一、培训目标

查找导地线类的缺陷，查找金具类的缺陷，查找接地装置类的缺陷，完成红外数据的拷贝、按照杆塔进行分类，使用计算机标注出红外数据中最高和最低温度的位置，完成输电线路缺陷等级的分类工作，完成输电线路缺陷命名工作，填写缺陷隐患报告，利用计算机EXCEL对缺陷隐患进行录入、分类、汇总。

二、实施方法

电力线路是电力系统的重要组成部分，它的安全可靠运行直接关系到个国家经济的稳定发展。电力线路由于长期暴露在自然环境中，不仅要承受正常机械载荷和电为负荷的内部压力，还要经受污积、雷击、强风、滑坡、沉路等外界侵害，这些因素将会促使线路上各元件的老化，如不及时发现和消除，就可能发展成为各种故障，对于电力系统的安全和稳定构成严重的威胁。因此，电力线路的巡检是有效保证电力线路及其设备安全的一项基础工作。本任务是通过对输配电线路的巡视检查来学习线路运行状况及周围环境的变化，及时发现设备缺陷和危及线路安全的隐患，并做好记录；提出具体检修意见，以便及时消除缺陷，预防事故发生，从而保证输电线路安全和电力系统稳定。

三、作业前准备

（一）材料和工器具

电脑、巡检无人机、遥控器、锂电池、螺旋桨、H20T热成像设备、红外分析软件。

（二）场地

①无人机巡检应在良好的天气下进行，如遇有雷雨、雷云天气应停止作业，并撤离现场。

②应在线路附近合适位置选择无人机起降点，起降点正上方应无障碍物遮挡。

③拟进行无人机自主巡检的线路区段，地形应较为简单、空旷，线路旁应无较高树木、建筑物等障碍物，以保障设备安全。

④红外分析需要利用电脑操作。

四、危险点分析及安全控制措施

√	序号	危险点	安全控制措施	备注
	1	无人机对作业人员的威胁	无人机在起飞前应做好外观检查，确保无人机各连接部位连接牢固	
			作业人员在起飞前应做好遥控器设置检查，飞行模式、控制模式均正确	
			无人机在起飞与降落时应选择平整的地方，起飞与降落前应确保起飞点与降落点附近无人员逗留，在桨叶停止转动前，严禁人员靠近无人机，严禁用手接触	
	2	雷电活动或其他因素	无人机在执行任务时，应严格遵守《架空输电线无人机巡检标准化作业指导书》	
			在执行自主巡检作业时，应确保航线与杆塔、周围障碍物有足够的安全距离	
			在执行作业前应对无人机电量信息等进行检查，确保无人机的状态可以完成任务	

续表

√	序号	危险点	安全控制措施	备注
	3	天气或其他因素	作业中，遇阵风较为强烈、降雨或其他因素威胁无人机设备及作业人员安全时，应立即停止作业，待无人机安全返航后，撤离现场	

五、作业流程及内容

（一）缺陷查找

1. 查找导地线类的缺陷

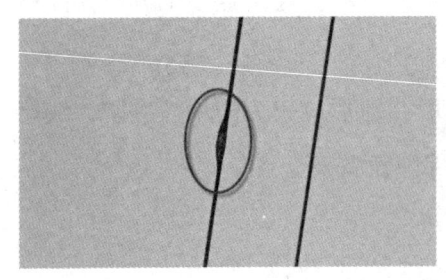

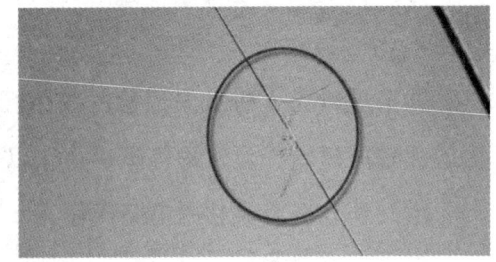

导地线类缺陷示意图

导地线类缺陷在无人机巡检过程中比较容易忽视，主要查找步骤为先进行全通道的导地线照片拍摄，观察有无明显的导地线断股的导地线松散，如果未发现明显异常应该针对导地线与各金具连接部位，尤其是档距中间间隔棒部位进行重点查看，及时发现隐蔽缺陷。

2. 查找金具类的缺陷

金具类缺陷示意图

金具类缺陷作业无人机巡检的重点要仔细查找，对于杆塔横担端导线端挂点分别要拍摄俯视图、大小号仰视图、正视图等，仰视图经常会出现逆光情况故具体情况具体分析拍摄。原则上，杆塔上所有金具销针部件不应出现无人机拍摄忙点。

3.查找接地装置类的缺陷

接地装置类缺陷示意图

接地装置类缺陷为人工地面巡视的重点内容，在无人机巡检过程中可能会出现农作物遮挡无法查看的情况，所以需要按照不同季节特征来制定巡视方案，接地装置不受遮挡的情况下采用无人机巡检。要注意，在无人机接近地面飞行时图传信号会减弱。要时刻注意，无人机正上方不能有导线、绝缘子串等。

（二）红外应用

现阶段无人机巡检以及自主巡检以大疆系列无人机应用较为广泛，我们以大疆红外热成像软件为例进行本章节的介绍。大疆红外热分析工具主要用于分析、处理红外照片，通过获取拍摄物体重要位置的温度信息，协助进行状态分析，可广泛应用于工业、科研、国防、民用等各行业领域。典型应用如设备热缺陷诊断，通过分析设备图片的温度信息，对故障点进行精确定位，可及时发现、预防、处理重大事故。

操作系统要求Windows7、Windows10及以上系统版本，支持设备Zenmuse H20T，Zenmuse XTS。

软件功能说明

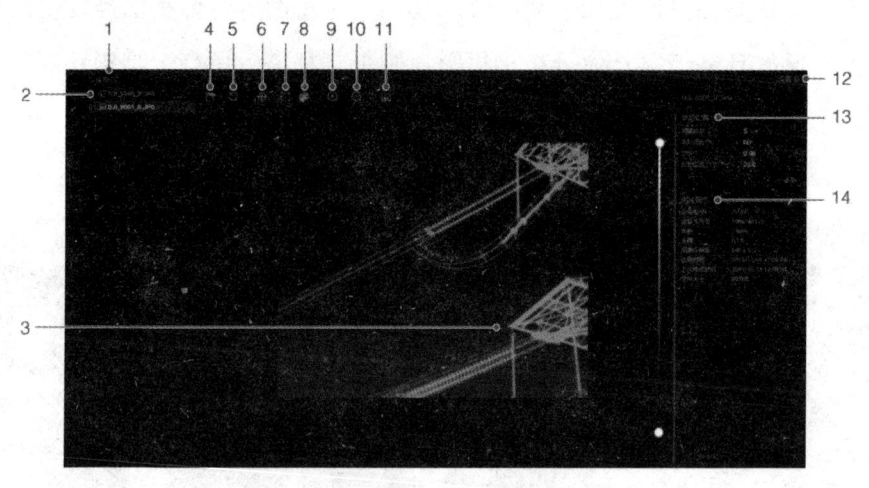

软件功能说明界面

1.添加

点击添加按键,添加需要进行分析的红外图片(支持格式:R-JPEG)。

(1)添加目录

通过"添加目录"的方式可以把整个目录的图片一次性加载到软件中。鼠标右键点击文件目录可以使用如下功能:'打开所在目录",移除目录"。

(2)添加图片

通过"添加图片"的方式则可以添加单张图片(或通过拖动的方式把图片加载到软件中),鼠标右键点击该图片可以使用如下功能:"打开所在目录""移除目录"。

2.树形目录

树形目录用于展示所添加的图片,支持显示多级目录。

3.工作区

点击树形目录中的图片可加载到工作区中。

4.保存

点击"保存"按键，保存当前测温点、测温区域、测温调色盘等数据到R-JPEG图像中。这些信息仅在使用大疆红外热分析软件时会被看到，使用其他软件打开图片时不可见。

注意：图片保存后会覆盖原始图片，请做好备份。

5.重置

点击"重置"按键，可以把"点测温""区域测温"等测量信息清空，并且恢复调色盘的效果到白热状态，重新进行测量和分析。

6.点测温

点击"点测温"按键后，使用鼠标左键点击图片中需要测温的点，会在图片中显示该点的温度。通过鼠标拖动可改变需要测温的点，右键点击该点可以进行删除操作。

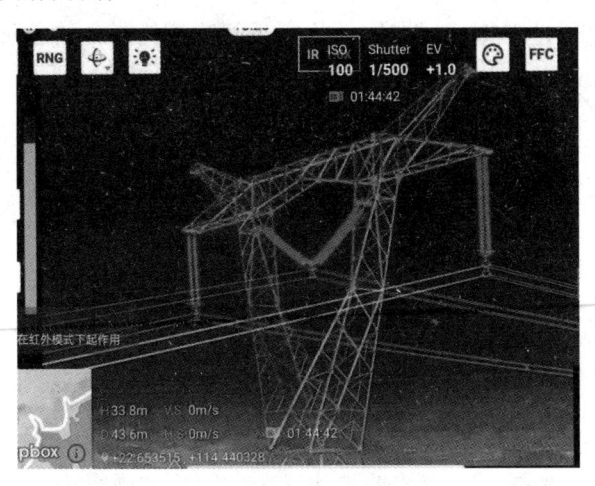

点测温操作界面

7.区域测温

点击"区域测温"按键，进行区域测温，可测量图片矩形区域内的最高和最低温度。点击鼠标左键并拖动以选取测温区域范围，点击拖动矩形框可以改变需要测量的位置，右键点击该区域可以进行删除操作。

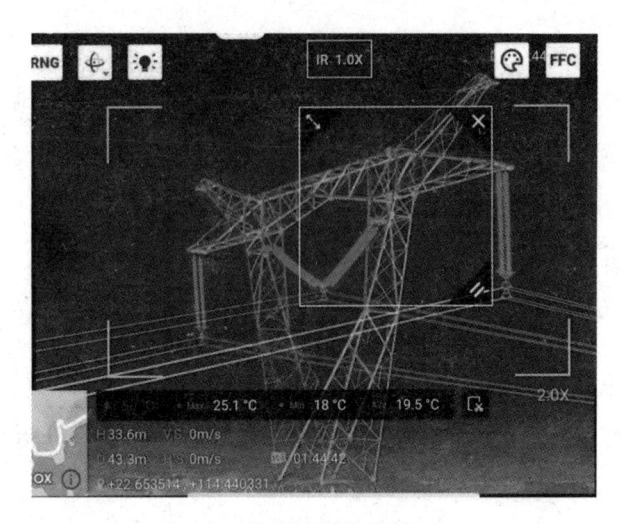

区域测温操作界面

8.调色盘

点击"调色盘"按键，切换调色盘可以使用不同的伪彩色显示红外图片，并且可以通过工作区域右侧的色度条调节该伪彩色的色阶。

9.放大

每次点击"田"按键，可以把图片放大10%，也可以通过滚轮向上滑动进行放大操作。

10.缩小

每次点击"日"按键，可以把图片缩小10%，也可以通过滚轮向下滑动进行缩小操作。

11.截图

点击"国"按键，保存当前工作区中的图片到硬盘中。

12.设置

（1）语言设置

支持的语言类型包括：中文和英文。

（2）温度单位设置

支持的温度单位包括：摄氏度（°C）、华氏度（°F）和开尔文（K）。

13.参数设置

（1）测温距离

待测目标的距离。红外热像仪接收物体自身辐射的红外线生成热像图，距离越远，红外辐射衰减越多。红外热像仪出厂时默认的标定距离一般是固定的，在这个距离测温最精确，距离过近或过远都会增大测温误差。

（2）相对湿度

目标测量环境下的空气相对湿度。请根据实际测量环境配置，默认70即表示相对湿度为70%，取值范围（20~100）。湿度值配置是否准确将影响测温精度，但影响度较小。

（3）发射率

被测物体表面以辐射的形式释放能量相对强弱的能力。可参考"常见物质发射率表"进行配置，由于被测物体表面可能存在腐蚀、氧化等情况，实际发射率值与参考值可能存在一定差异。发射率配置是否准确将影响测温精度，且影响较大。

（4）反射温度

周围环境物体辐射的能量可能被待测目标表面反射，与待测目标辐射一同被相机接收，造成测温误差。如果周围环境没有特别的高温或低温物体，则反射温度配置为环境温度即可。反射温度是否配置准确会影响测温精度，数值与环境温度偏差越大，影响度越大。输入相关参数后，点击"更新"按键完成参数设置。

（三）缺陷分类汇总

1.图像整理

巡检作业人员每日完成巡检作业后，将巡检图像从无人机存储卡导出到外网计算机，并按照拍摄顺序将图像分塔（双回线路分左/右线），建立如下文件夹存放：

第一层：当日巡检资料文件夹命名包含：线路名称，巡检区段，作业人员，巡视日期。

第二层：巡检杆塔及缺陷文件夹命名包含杆塔号、拍摄顺序（注明开始拍摄的第一相，单回耐张需要注明中项的拍摄位置。

第三层：自主巡检在巡检过程中设基杆塔按照航线规划会进行自动命名。非自主巡检图像有缺陷的需要按照标准化命名方式进行命名。其余照片留存不需要进行命名。

2.图像分析

图像初审由巡检作业人员于巡检结束后第二工作日内完成，规范如下：

（1）缺陷命名规范

发现缺陷后，将原图复制到当日巡检资料的缺陷文件夹中，并按照"塔–相–侧–部–问"的规范重命名，示例如下：

500kV合松线#48–左相小号侧绝缘子铁塔端碗头R销脱出–20201210（检修公司–电压等级+线路名称+杆号–缺陷描述–日期）。

（2）缺陷描述规范

缺陷描述按照"相–侧–部–问"规范描述。

①相–相别。

相–相别示意图

单回杆塔：左地线/光缆、右地线/光缆、左相、右相、中相（在杆塔文件夹命名中，直线塔中相注明自大/小号侧拍摄，耐张塔中相注明自左/右侧拍摄）。

双回杆塔：地线/光缆、上相、中相、下相。

②侧-大/小号侧。

根据具体图像判别大/小号侧，单回直线塔和耐张塔的中相，大小号侧结合拍摄方位判断。

侧-大/小号侧示意图

③部位。线路设备部位表如下：

塔型	部位	部件
直线塔	地线挂点	地线、金具、支架、引下线
	绝缘子横担端	绝缘子、金具、横担、拉线
	绝缘子导线端	绝缘子、金具、导线

续表

塔型	部位	部件
耐张塔	地线挂点	地线、金具、支架、引流线
	耐张绝缘子横担端	耐张绝缘子、金具、横担
	耐张绝缘子导线端	导线、引流线、金具、耐张绝缘子
	跳线绝缘子横担端	跳线绝缘子、金具、横担
	跳线绝缘子导线端	引流线、金具、跳线绝缘子

④问题。缺陷问题表如下：

塔型	部件		常见问题	等级
杆塔	横担、曲臂		锈蚀、歪斜、塔材缺失/弯曲、少量螺帽/螺栓缺失、异物、鸟巢、鸟刺损坏缺失	一般
	地线支架		锈蚀、歪斜、塔材缺失/弯曲、少量螺帽/螺栓缺失	一般
绝缘子	碗头		R/W销缺失、脱出	危急
	均压环、屏蔽环		脱落、装反、安装不规范、固定螺栓松	一般
	绝缘子	瓷、玻璃	自爆、破损、钢帽钢脚变形	视情况定
		复合	伞裙、芯棒破损、金属连接处滑移	视情况定
	绝缘子串		倾斜（顺线路方向）	视情况定

续表

塔型	部件		常见问题	等级
金具	悬垂线夹		销钉脱出/安装不规范、螺帽松动 U型螺栓缺垫片、铝包带缺失/滑移/缠绕不规范	一般
			船体变形/磨损/锈蚀、地线夹挂轴磨损	视情况定
			销钉或螺帽缺失	严重
			同一螺栓销钉、螺帽均缺失，U型螺栓缺失	危急
	耐张线夹		引流板垫片缺失、螺帽松动	一般
			压接管弯曲	视情况定
	联接金具		销钉脱出/安装不规范、螺帽松动	一般
			销钉或螺帽缺失	严重
			同一螺栓销钉、螺帽均缺失	危急
	保护金具	间隔棒	支撑间隔棒开爪、损坏	一般
			间隔棒螺栓缺销子	一般
			间隔棒线夹开爪、损坏	危急
		重锤	重锤穿芯脱出	一般
		防振锤	防振锤位移、损坏、缺失	一般
导地线	导线、地线、引流线、引下线、拉线		松股、跳股	一般
			磨损均压环、塔材	一般
			损伤、断股	视情况定
附属设施	鸟刺		缺失、损坏、安装不规范	一般
	放电间隙		缺失、短接、过大	一般
	杆号牌		缺失、损坏	一般

3.缺陷标注规范

一般、严重、危急缺陷分别用黄色、橙色、红色表示。一般缺陷：黄色；严重缺陷：橙色；危机缺陷：红色。

（四）缺陷报告以及分类汇总

缺陷登记表

上表为缺陷登记表，共分为3个子表格，子表格一为缺陷记录明细表，部位、部件、缺陷分类3列均根据输变电一次设备缺陷库填写，缺陷描述按照"电压等级+线路名称+杆塔号+具体缺陷格式"填写，例如："220kV敦吉甲线011号上相绝缘子第8片自爆"，并在表中记录缺陷发现时间、发现班组、发现人、计划消缺时间、消缺人、消缺情况、验收人、缺陷单编号、消缺方式、上级单位等信息，以便于各类缺陷全过程闭环管理。

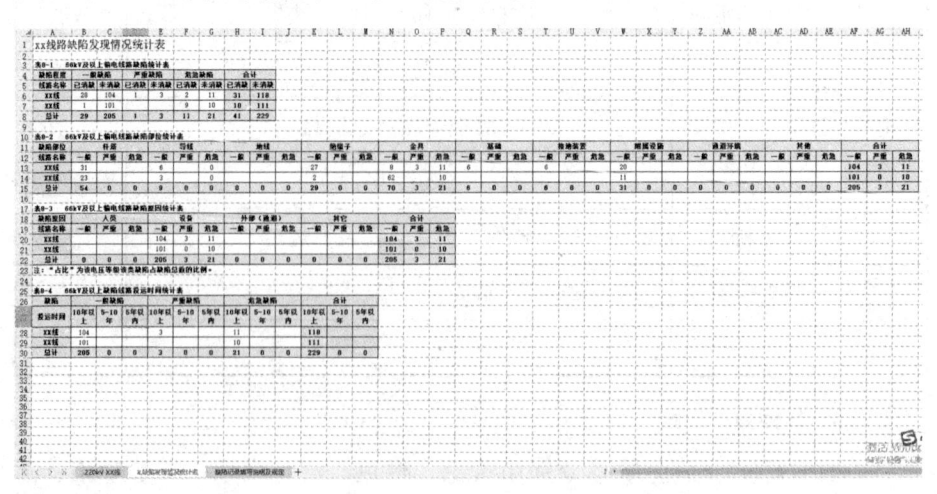

子表格二为缺陷发现情况统计表，共分为4个小表，分别为：66kV及以上输电线路缺陷统计表、66kV及以上输电线路缺陷部位统计表、66kV及以上输电线路缺陷原因统计表、66kV及以上缺陷线路投运时间统计表，便于运维单位协调、监督、指导缺陷的消除工作，缺陷在消除之前制定设备风险管控措施，输电运维班对缺陷处理情况进行验收检查。

```
缺陷记录填写说明及规定：
1、记录缺陷的具体情况和位置。危急、严重、一般缺陷分开填写，缺陷消除后要经运行人员验收，并及时在缺陷单记录上写明。
2、缺陷记录明细表的文件名、表头应为"20xx年xxx线缺陷明细表——截至xx月"。
3、缺陷的"部件"、"部位"按照《生变电[2011]53号附录B输电一次设备标准缺陷库》填写。
4、"缺陷描述"必须要带有缺陷所在线路杆塔号或杆塔区间，具体描述参考《生变电[2011]53号附录B输电一次设备标准缺陷库》。
5、"缺陷照片"中注明照片另附文件夹，缺陷照片文件夹中的缺陷照片名称要与"缺陷描述"一致。缺陷照片另附文件夹。
6、对于已消除的缺陷不可删除对应的缺陷记录，可在"消缺情况"中注明"已消除"，记录保留至少一年。
7、班组缺陷记录明细每年1月份重新建立一次并上报输电运检室。
8、"消缺方式"中填写消缺途径，停电、大修技改、带电、非停电
```

子表格三是缺陷记录明细表的填写说明：

①记录缺陷的具体情况和位置。危急、严重、一般缺陷分开填写，缺陷消除后要经运行人员验收，并及时在缺陷单记录上写明。

②缺陷记录明细表的文件名、表头应为"20××年×××线缺陷明细表-截至××月"。

③缺陷的"部件"和"部位"按照《生变电[2011]53号附录B输电大次设备标准缺陷库》填写。

④"缺陷描述"必须要带有缺陷所在线路杆塔号或杆塔区间，具体描述参考《生变电[2011]53号附录B输电次设备标准缺陷库》。

⑤"缺陷照片"中注明照片另附文件夹，缺陷照片文件夹中的缺陷照片名称要与"缺陷描述"一致。缺陷照片另附文件夹。

⑥对于已消除的缺陷不可删除对应的缺陷记录，可在"消缺情况"中注明"已消除"，记录保留至少一年。

⑦班组缺陷记录明细每年1月份新建立一次并上报输电运检室。

⑧"消缺方式"中填写消缺途径，停电、大修技改、带电、非停电。

第五章　技师技能培训

项目一　保障设备使用

一、培训目标

能够掌握频谱仪完成无人机图传、数传发射频段的分析工作;使用便携式发电机为无人机电池充电。

二、实施方法

使用便携式发电机进行无人机电池的放电工作,使用频谱仪完成无人机图传、数传发射频段的分析工作。

三、作业前准备

(一)材料和工器具

雅马哈两冲程发电机、频谱仪、无人机设备。

(二)场地

①无人机巡检杆塔附近、无人机机库。
②确保良好的工作环境,应在良好的天气下进行,遇有雷雨、雷云天气应停止作业,并撤离现场。

四、危险点分析及安全控制措施

保障设备使用危险点分析及安全控制措施

√	序号	危险点	安全控制措施	备注
	1	雷电活动或其他因素	作业中，遇雷云在杆塔上方活动或其他因素威胁作业人员安全时，应停止作业，并撤离现场	
	2	电池爆炸	充放电时不得无人看管	
			现场放置灭火器	
	3	火灾	发电机使用完毕，将剩余燃油抽出	
			发电机禁止倾倒	
			现场放置灭火器	
	4	触电	发电机输出端口应有明显带电标识	
			严禁单人操作发电机	

五、作业流程及内容

（一）便携式发电机充电

雅马哈两冲程发电机

在作业时，为解决外场充电的需求，往往要为充电设备配发发电机组，一般选用质量比较轻的汽油发电机。便携式汽油发电机一般由动力部分和发电机部分组成。根据动力部分的不同，发电机一般分为两冲程发电机和四冲程发电机，同样输出功率指标的两冲程发电机重量较轻，成本较低，工作噪音大，油耗高，使用的混合油润滑的方式，发动机废气排放污染比较严重。四冲程发电机运行时比较平稳，噪音小，废气的排放对环境的污染比两冲程的小很多，油耗也很低，但是成本比两冲程的要高。

1.安全须知

①请勿直接将无人机充电设备连接在电路上。

②发电机请勿在室内及潮湿的环境下使用。

③加注燃油时要停机，严禁烟火。

④在移动时应保持发电机直立，防止燃油泄漏。

⑤无遮蔽情况下不得雨雪天气使用。

⑥严禁湿手触摸发电机。

2.开机

①加入足量燃油。

②断开市电开关及的开关电源等负载。

③拉动发电机启动拉绳（或用钥匙开启）。

④合上发电机漏电开关和其余空气开关，并观察电压表、电流表、频率表是否正常。

⑤连接无人机充电设备。

3.关机

①断开无人机充电设备。

②断开电源负载空气开关。

③断开漏电开关及其余空气开关。

④按下停止按键或拔出钥匙。

⑤将剩余燃油倒出，并安全回收。

（二）频谱仪射频分析

频谱仪

1.操作步骤

第一步，按下Power On开机。

第二步，开机30分钟后自动校准，先按Shift+7（cal），之后再按call，这个过程会持续3分钟左右。

第三步，校准好之后设置中心频率数值，按下Freq键之后会看到显示的数值以及单位。

第四步，按Span键，之后输入扫描的频率宽度大概值，然后键入单位。

第五步，按Level键，输入功率参考点电平Ref的数值，然后键入单位。

第六步，按Ref offset on，输入接头损耗、线耗和仪器之间的误差值。

第七步，按Bw键分别设置带宽RBW和视频宽度VBW。

第八步，按Sweep键，再按SWP time AUTO/MNL输入扫描时间周期，键入单位。

第九步，按Shift+Recall键，将设置好的信息保存。

第十步，按Recall键，选择需要调用信息的位置按NETAR，将需要调用的信息调出。按下PK SRCH键通过Mark键可读出峰值数值，从而判断峰值是否合格。

2.频谱仪的使用注意事项

频谱仪是比较昂贵的仪器，在使用过程中应选择比较平稳的支撑面，这样可以避免跌倒。频谱仪使用位置要与电源有适当的距离，这样可以避免拉扯电源线太长。不能在浴室等潮湿的环境下使用频谱仪。衣物、肌肤不能直接与辐射体接处。手指还有其他等尖锐物品不能插入防护网罩里面，避免不必要的电击事故。频谱仪在通电之后不能使用毛巾等覆盖，不然会由于温度不断升高而发生危险。

项目二　任务设备操作与维护

一、培训目标

能够掌握激光雷达设备的安装、设置作业参数工作，使用激光雷达设备完成输电线路杆塔的激光扫描工作，完成激光雷达设备的组装、拆卸、清洁、参数调试等工作。

二、实施方法

无人机搭载激光雷达已广泛用于架空输电线路建模、树障巡检，对于激光雷达的使用和调试已成为输电员工的必备技能。本任务讲解激光雷达设备的安装、使用、调试和安全注意事项，我们使用LiAir无人机激光雷达设备系统进行培训。

三、作业前准备

（一）材料和工器
LiAir无人机激光雷达设备系统、安全帽。

（二）场地
①线路杆塔附近、无人机库房。
②确保良好的工作环境，应在良好的天气下进行，遇有雷雨、雷云天气应停止检测，并撤离现场。

四、危险点分析及安全控制措施

√	序号	危险点	安全控制措施	备注
	1	高空坠物	无人机飞前应进行检查	
			正确佩戴安全帽	
			不要站在无人机正下方	
	2	雷电活动或其他因素	作业中，遇雷云在杆塔上方活动或其他因素威胁作业人员安全时，应停止作业，并撤离现场	

五、作业流程及内容

（一）激光雷达设备的安装、设置作业参数工作

1.选择基站架设点

若测区内有已知控制点，则可直接将该已知点作为基站架设点。若测区内无已知控制点，则需在测区内选择合适基站点。

选点基本要求：

①地面基础稳定，便于安置接收设备和操作。

②视野开阔，视场周围障碍物的高度角应小于 10°~15°，以保障接收卫星信号时不受影响。

③附近不应有强烈反射卫星型号的物体（如大型建筑物等）。

④远离大功率无线电发射源（如电视台、电台、微波站等），其距离不应小于200m；远离高压输电线和微波无线电信号传送通道，其距离不应小于50m。

2.架设基站

将基站架设在选定的基站点上。测绘项目或其他精度要求较高的项目，需按照测绘规范架设三脚架，并将基站架设在三脚架上。

基站连接方式如下图所示：

基站连接方式

注意：当连接基站和基站电源线时，需要将电源线上的红点与接口处凹陷部分对齐后再接入。

电源线上的红点与接口处凹陷部分对齐后再接入

3.获取基站天线高

测量基站架设的地面中心点到GPS护圈下沿的高度H1，测量3次以上并记录测量值，测量位置如下图所示：

量测基站架设H1

仪器斜高量测点
（橡胶圈下沿）

实际基站天线高=护圈下沿到相位中心L1的高度 + $\sqrt{H1^2 \cdot GPS护圈半径^2}$

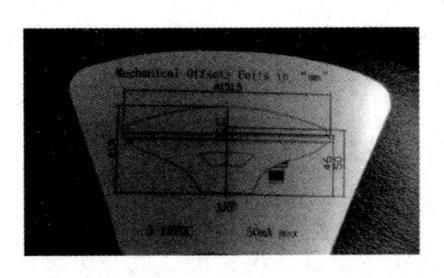

以上图为例，若测量仪器高为1.6米，则实际基站天线高为：

基站天线高 = $(0.05-0.046) + \sqrt{1.6^2 - \left(\dfrac{0.1515}{2}\right)^2}$

4.记录基站数据

具体操作步骤如下：

①接通基站电源，此时 ▭ 、 ▭ 指示灯均为常亮状态。

②等待橙色GPS卫星信号灯 ▭ 常亮（此情况说明GPS信号稳定），长按数据记录Save按钮 ▭ （>2s），松开按键，▭ 指示灯变为常亮状态，开始记录数据。

③室外数据采集工作完成后，长按下 ▭ 键超过1秒，指示灯熄灭，停止记录GPS位置信息。

④关闭基站电源。

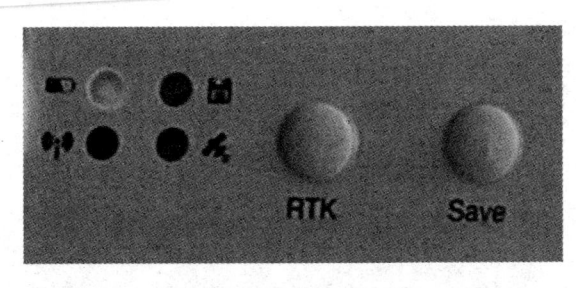

基站设备指示操作面板

5.数据采集

①将设备挂载在无人机上，开启无人机电源，启动LiAir无人机激光雷

达设备供电。

②长按ON/OFF键2～3秒开机，观察按键指示灯状态，红色快闪代表系统通电，正在进行初始化，红色慢闪代表初始化成功，正在进行系统同步，红色常亮代表系统同步成功。

6.设置采集参数

LiAir无人机激光雷达设备系统会记忆上一次设置的参数，若无修改必要，则可跳过此步骤。LiAir无人机激光雷达设备采集参数主要包括激光器、相机采集触发模式及参数。操作方式如下：

①通过网线建立设备与电脑间的通信，打开网络和Internet-网络连接，选择"本地连接"，右击选择"属性"，双击"Internet协议版本4（TCP/IPv4）"，将计算机IP设置为192.168.1.66。

②在浏览器中输入http://192.168.1.88，打开LiAir无人机激光雷达设备网页配置界面。输入用户名密码，打开LiAir无人机激光雷达设备网页配置界面，用户名：root，密码：888888。

③控制模式（Control Mode）设置。

点击网页右侧的系统设置-控制模式，进入控制模式设置界面。

LiAir无人机激光雷达设备系统控制模式设置界面

该部分可用于配置激光器和相机数据采集模式。LiAir无人机激光雷达设备有以下几种采集控制模式：

①快速模式：该模式为出厂默认设置，在该模式下按下采集按键（ON/OFF），设备即创建工程并开始同步惯导数据和激光雷达数据采集。

②速度模式：在该模式下，用户可通过速度参数来控制激光雷达设备的采集。选定速度模式后，按下采集按钮（ON/OFF），设备开始同步惯导数据，当设备飞行速度大于等于设定阈值时，设备自动开启激光雷达和相机数据记录，连续10s小于设定阈值停止记录。

③高度模式：该模式下，用户可以通过高度参数来控制激光雷达设备的数据采集。选定高度模式后，按下采集按钮（ON/OFF），设备开始同步惯导数据，当设备飞行高度相对地面静止高度大于等于设定阈值-5m，设备会自动开启激光雷达和相机数据记录，连续10s小于设定阈值-20m停止记录。

飞控模式和手动模式：属于预留模式，暂时不可用。

7.数据采集

①观察设备指示灯面板，等待IMU，LiDAR指示灯蓝色常亮。

②短按采集按钮ON/OFF键0～2秒，RECORD采集指示灯亮，创建工程，开始记录IMU数据，激光雷达/相机数据根据选择的采集模式，在满足采集条件后自动记录，不满足采集条件时自动停止记录。

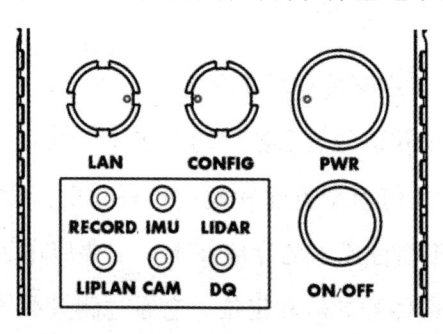

LiAir无人机激光雷达设备系统设备指示操作面板

③无人机起飞。

④无人机降落后,短按ON/OFF键0～2s,RECORD采集指示灯灭,停止IMU数据记录,工程关闭。

⑤长按ON/OFF键4～5s,按键指示灯熄灭,系统断电。

⑥关闭无人机电源。

(二)使用激光雷达设备完成输电线路杆塔的激光扫描工作

1.激光扫描数据采集

(1)制定飞行规划

航飞规划包括航带划分,根据带作业区输电线路走廊地形复杂程度、无人机和激光LiDAR系统性能,确定飞行速度、高度、激光脉冲发射频率、航带宽度和重叠度、激光反射镜转动速度、数码相机方位元素及定位、相机拍摄时间间隔等,设定好各航带首位坐标点,在飞行导航控制软件的辅助下进行飞行作业,确保进入航线按预定计划飞行,避免产生数据漏洞。

(2)设置GPS基准站

在地面沿航线布设一定数量的GPS基准站,站址地点应选在视野开阔处,周围无高度角超过10°的障碍物,附近无信号反射物,无电磁干扰,能方便地播发或传送差分改正信号,GPS基站数据要完全覆盖整个巡检流程。

(3)激光扫描三维测量与惯性测量

利用激光扫描仪获取的点云数据构建实体三维几何模型,包括数据采集、数据预处理、几何模型重建和模型可视化等步骤。而惯性测量系统(INS)是一种基于惯性原理的导航技术,主要应用于飞行器、导弹、卫星、船舶、车辆等载体的导航和定位。它通过测量载体的加速度和角速度来推算出载体的位置、速度和姿态等信息。通过两者的相互补充,共同完成复杂的测绘和导航任务。

（4）数码相机拍摄

采用高分辨率数码相机获取高清晰影像，通过影像与激光点数据整合处理后，可以得到依比例、带坐标和高程的正射影像图。

（5）数据质量评估

实时评估激光扫描带旁向重叠度、相机航向、旁向重叠度、航线弯曲度以及航带内高差统计等重要参数，这样作业人员可及时发现原始数据存在的问题，及时决策，避免重飞。

2.数据处理与诊断分析

直升机/无人机机载激光LiDAR测量系统采集得到的数据需要进行一定的处理才能得到需要的信息。数据处理的内容包括：

①定位信息获取。

②激光扫描测量数据处理。

③点云分类处理。

④危险点检测。

（三）完成激光雷达设备的组装、拆卸、清洁、参数调试等工作

1.激光雷达设备的组装、拆卸

LiAir无人机激光雷达设备主要包括三大部件：激光雷达扫描系统、惯性导航系统和存储控制系统。

1——激光雷达扫描仪。

2——设备主体，内置惯性导航系统。

3——相机（选配）。

4——RTK胶棒天线，用于基站和设备端GPS通信。

5——ANT胶棒天线，用于地面电脑端和设备通信，传输各传感器的实时状态。

6——折叠件。

7——GPS天线，双天线设计用于快速静态对准。

8——挂载结构。

9——电池及安装架。

10——碳管。

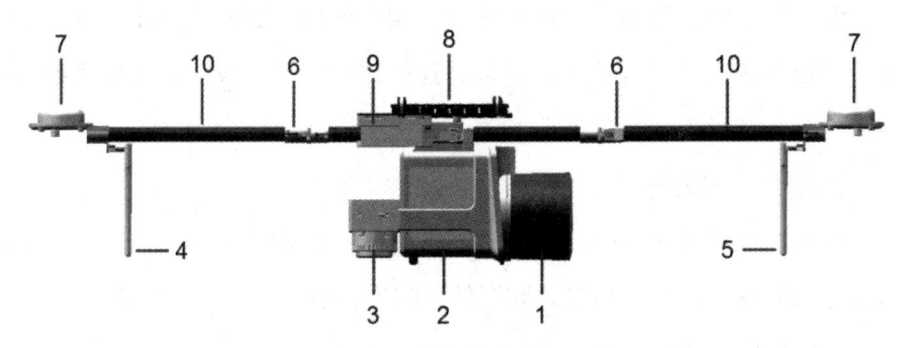

LiAir无人机激光雷达设备组成

存储控制单元主要接口及面板指示灯：

10——USB接口（USB）：USB2.0接口，用于数据下载，适用于FAT格式U盘。

11——网线接口（VLAN）：用于外部访问设备存储卡数据。

12——电压显示：显示外接电源的实时电压。

13——电源接口：通过电源线连接外部电源，供电范围9-30V宽电压，2.2A@11VDC输入。

14——电源开关：设备通电，启动各传感器并自检，但是不记录数据，通过电台建立设备与电脑通信后，即开始显示惯导实时数据（仅显示，不记录）。

15——开始/结束按钮：开始/结束记录传感器数据，立即/结束记录惯导数据，同时给激光雷达发送同步信号，激光雷达设备收到同步信号后，在电脑端即实时显示点云数据但不记录，符合高度/速度条件后，开始/停止记录激光雷达/相机数据。

16——开始/结束指示灯：指示灯亮，创建工程，数据开始采集。

17——设备状态指示灯：显示系统即各传感器运行状态。

18——相机接口：相机的供电及控制接口，可外接相机。

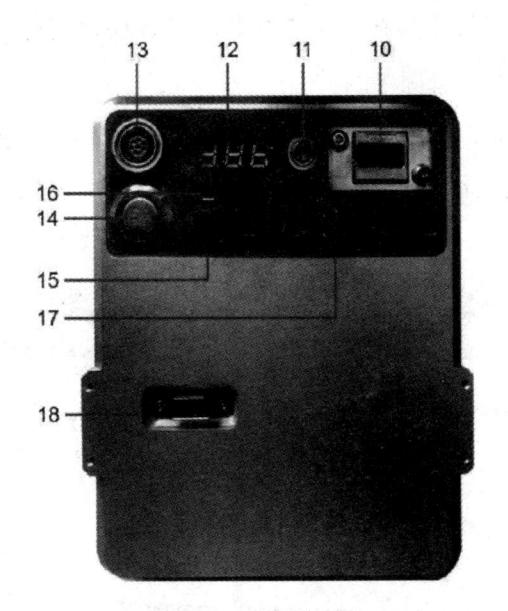

设备控制单元接口

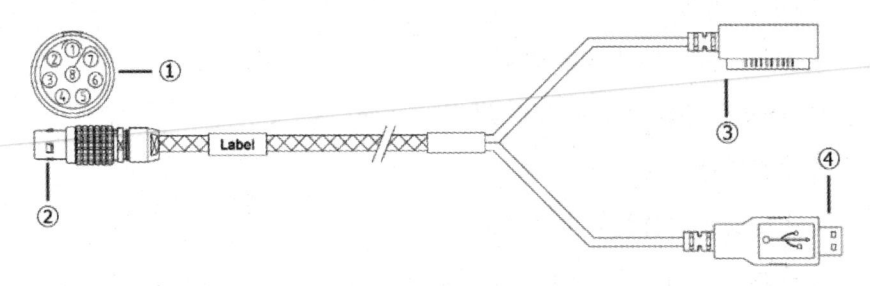

电源线示意图

①——8芯电源接口。

②——8针电源线接口。

③——外接电源接口（外接DJIMavic Pro电池）。

2.设备安装

①检查并确定相机SD卡已插入,且相机保护罩已摘下。

②检查棒状天线夹是否牢固,天线线缆是否拧紧,天线及折叠天线杆是否安装牢固,天线线缆接头是否拧紧,设备快拆挂载件是否安装牢固,设备电源线接头是否紧固等。

③确认飞机所用电池及设备需用配套的4S电池都是满电状态,作业通电顺序为无人机先通电,再打开设备。

3.激光雷达设备的清洁与注意事项

(1)作业前

①作业前保证镜头盖已取下。

②SD卡不可被拨到硬件写保护状态。

③注意天线安装。

④注意检查各连接件是否紧固。

⑤作业前,建议清空SD卡中的照片,注意只可以删除照片文件,不可删除SD卡中的系统文件以及文件夹。

⑥通电顺序:无人机先通电,再打开设备;先关闭设备,再给无人机断电。

⑦设备断电前,须先停止采集。

（2）作业过程中

①开始采集IMU后，需要静止5分钟之后再起飞；设备降落后，需静置5分钟之后，再停止IMU数据记录。

②进入正式航线前需要进行"8"字飞行，为保证数据质量，需要在正式航线高度进行"8"字飞行。同时，出航线之后也需要在正式航线高度进行"8"字飞行，之后再降落。

③在作业过程中，注意查看LiAcquire软件日志界面中显示的SD卡剩余空间，若剩余空间小于6G，需先清除存储之后再进行数据采集操作。

④基站观测时间要完全覆盖POS设备时间，数据采集过程中，禁止碰撞、移动基站。

⑤基站设备断电前，须先长按基站设备"Save"键，等待电源指示灯熄灭之后再断开GPS基站电源。

⑥相机不可非正常断电，必须停止拍照后再断电。

项目三　巡检任务制定

一、培训目标

识别架空输电线路存在的危险因素，进行隐患排查的工作，完成架空输电线路无人机巡检方案的编制工作。

二、实施方法

在巡检作业之前需要对巡检项目做一个详细的计划，即无人机电力线路巡检任务制定，其目的是指定可行的技术方案，保证巡检多源数据最符合技术标准和用户要求，以获得最佳的社会和经济效益。

巡检技术方案的实施需要考虑电力线路作业中平原、山区、沿海、高海拔、夜间、雨雾等复杂环境，应当满足无人机精细巡检、快速巡检、辅助放线作业、灾害应急等作业模式下的具体需求；应当对选用的无人机性能参数进行详细的分析，选用的传感器设备（激光扫描仪、POS系统、航空摄影相机和摄像机）应进行适宜巡检任务需求和指标的选择计算。

三、主要内容

（一）巡检线路现场勘查

巡检线路的现场助察是指通过对作业区域所属的平原、山区、沿海、高海拔、夜间、雨雾等资料的收集（如风向及风速、湿度、平均海拔等），采集好电力线路区域的杆塔位置、杆塔高度等基础数据，以此为基础通过实地确认适合无人机飞行作业的起降点、路线、起降场地等。

（二）巡检作业方案制定

根据电力线路巡检现场条件及业务需求的不同，飞行线路区域的天气、温度等因素对作业方案有着极大的影响。因此，需要有针对性地进行设计和考虑。线路作业区域需要结合山区、沿海、高海拔等复杂的地形条件，传感器获取数据质量需要综合可见光数据的分辨率、点云数据的密度、定位精度、目标清晰度等进行考虑。无人机飞行平台和传感器的选型对巡检质量有着关键性的影响，巡检作业方案制定时也需要对其进行充分的考虑。

（三）巡检作业方案内容

无人机电力线路巡检作业方案内容主要包括巡检作业任务目标、巡检作业设备和人员、迅检线路和巡检区段情况、巡检模式、无人机起降点、无人机飞行计划、巡检任务规划，巡检程序、巡检数据处理及安全事项和风险评估等内容的设计。巡检作业方案的制定需要对各项内容进行充分的考虑和详细设计，以保障巡检作业任务的顺利开展。

1.巡检作业任务目标

通过对作业任务目标的明确，可以为无人机线路巡检方案的制定和实施指明正确的方向，为任务目标的顺利开展提供基础保障，同时也是为完成线路巡检任务而制定的具体目标、准则、方案、办法等。

2.巡检作业设备和人员

根据架空电力线路作业特点，对不同类型的无人机平台及传感器载荷设备进行选择，确定适合巡检线路和巡检任务的无人机巡检作业设备，巡检作业人员。

①通过动力系统和机翼的滑行实现起降和飞行、遥控飞行和程控飞行方式、抗风能力、线路区域长度及飞行时间等环境参数的分析，选择满足业务开展需要的无人机飞行设备。

②针对激光点云数据、可见光影像或视频、红外影像及POS数据是否满足通道巡视、障碍物检测、三维建模等业务的需求，选择满足业务开展需要的传感器设备。

③在选定的载荷设备下，选择能够熟练操控仪器设备及相关软件的人员。

3.巡检线路和巡检区段情况

结合外业现场勘察情况，对无人机巡检的线路及其相应的区间进行资料的收集与分析，获得适宜线路巡检飞行的气象、温度、风力等相关基础资料。

4.巡检模式

在分析无人机飞行平台和多源传感器平台的性能指标基础上，结合电力线路巡检的任务需求，对可供搭载可见光相机/摄像机、红外热像仪、紫外成像仪、三维激光扫描仪等设备进行耦合选择，同时在考虑经济性能的基础上制定出适宜的巡检飞行模式。

5.无人机起降点

结合现场踏勘调查各种环境、气象条件和巡检线路及区段情况，在平衡无人机飞行平台性能的情况下，通过内外业相结合的方法选出最适宜的起降飞行点。

6.无人机飞行计划

综合无人机巡检系统的相关性能指标及任务目标区域的气象环境条件，制订出详细的飞行计划，包括任务的飞行时段，飞行距离等的详细设计。

7.巡检任务规划

通过对复杂环境信息及平台信息进行任务规划，选择无人机飞行所需的航迹点、选线航线的规划和数据通信传输设计。对无人机飞行平台进行任务规划时需要考虑飞行的速度、飞行高度，飞行最大距离等参数；对激光扫描仪传感器设备进行任务规划时需要考虑扫描线条数、扫描频率、扫描距离、光斑大小、扫描密度等指标参数；对POS系统进行任务规划时需要考虑定位精度、横滚角与俯仰角、航向角等指标参数；对可见光影像系统进行任务规划时需要考虑镜头焦距、拍照像素和速度等；对红外视频系统进行任务规划时需要考虑工作波段、视场角、测温精度和探测器分辨率等指标参数。

8.巡检程序及步骤

无人机线路巡检程序主要包含的阶段有数据准备阶段、飞行准备阶段、飞行作业阶段及回收机组撤场阶段等。数据准备阶段主要对线路飞行的起降点坐标的获取和相关区域DEM的获取；飞行准备阶段是指为保障任务的顺利进行，机组需要制定出严格的飞行测试准备，包括对无人机飞行平台及任务荷载传感器的相应准备和检查等；飞行作业阶段需要制定出无人机巡检系统作业的详细过程，对飞行的起降、速度、状态和姿态进行相应的细节任务的控制；回收机组撤场阶段需要对飞行的数据进行检查，对飞行系统进行安全关闭、保管等进行严格的检查和控制。巡检结束后应当利用任务控制自动获取生成巡检数据，并进行相关质量参数的检查，以确保良好的数据质量和有效的精度等。

①对光学影像、激光点云、红外数据、POS数据等多源数据的预处理

检查。

②对预处理的多源数据开展覆盖范围、点云密度、光学影像质量、红外影像质量及飞行质量等的统计和检查，对数据的稳定性、可靠性和有效性进行评定和检查。

9.巡检数据处理及诊断

无人机电力线路巡检系统可以获得多种不同的传感器数据，针对其不同的特点制定不同的数据处理流程和处理方案，以保证数据的有效和质量的可靠。数据的处理可以采用下述但不限于以下技术进行故障的自动诊断、输出及诊断结果的可视化显示等。

①可见光影像处理主要采用基于场景的纹理分布完成图像场景分类技术，对图像场景进行自动分类；根据图像中场景和目标类型，应用缺陷标准库中相应缺陷特征和模板，进行缺陷的匹配、分类和识别。

②红外影像处理主要通过利用红外温度影像检测电力线路，对引起放电的设备进行故障诊断。通过分离目标设备与背景，识别出设备故障状态并给出设备故障的种类和维修方案。

③激光点云数据的处理主要包括利用点云识别输配电线，并建立线路走廊地形、线路以及杆塔的三维建模。利用提取出的导地线矢量数据通过定制的GIS系统对其进行科学的管理与分析，通过空间分析的方法探测线路存在的安全隐患等。

④巡检数据的处理及诊断结果应包括安全事项质量文件，风险评估质量文件，各种故障诊断记录文件（如可见光故障诊断表、红外故障诊断表、紫外放电诊断表、安全距离缺陷表等）；同时还应包括无人机巡检飞行记录表文件和巡检人员文件。

10.安全事项及风险评估

安全事项及风险评估是对巡检方案顺利进行的一项安全保障，应当对作业前、作业中及作业后不同阶段的人员、设备的安全运行和操作指定详细的安全规范和操作指导保障措施。

11.无人机巡检作业流程

①通过对架空输电线路巡检模式（通道巡检、精细巡检、特殊巡检及故障巡检）及巡检区域（山地、高海拔等）的分析、结合电网实际应用需求。

②对飞行平台、传感器平台等参数进行研究探索，选择合适无人机飞行平台及传感器进行调合，在综合平衡荷载、最大起飞重量、飞行条件等因素下选用最佳的无人机飞行平台组合。

③针对不同的作业需求和巡检区域类型，结合工程实例进行检核，形成一套适合电网架空电力线路的作业方案，满足复杂环境条件下多种巡检业务需求。

项目四　无人机应急处置

一、培训目标

完成无人机坠机后的残骸安全处理,预防次生灾害发生,并做好现场证据留存和舆情监控;完成无人机遇到雷、雨、大风恶劣天气情况下,紧急迫降操作。

二、实施方法

虽然无人机在飞行作业前、飞行中和飞行后进行了各项风险评估,但无人机在实际的飞行作业中还有可能遇到各种各样的突发状况,如信号干扰、失控等。为了使操控手在特殊情况下能够操作得当,将无人机安全平稳的返航,需要制定飞行中出视紧急情况下的操作流程,指导操控手安全平稳地操控无人机降落,保证人员和设备安全或降低风险。

三、作业前准备

(一)材料和工器具

多旋翼飞行器1架、遥控器1台、螺旋桨4对、智能飞行电池1个、模拟设备1套。

(二)场地

①输电线路实训场地。

②输电线路模拟操作机房。

四、危险点分析及安全控制措施

√	序号	危险点	安全控制措施	备注
	1	无人机设备炸机	设备电压等级为220kV，导线、金具、绝缘子均带电	
			进行无人机巡检时，无人机活动范围与带电导线间最小距离不得小于5m	
	2	安全飞行	禁止戴手套使用手锤	
			用手锤敲打探测棒时，注意力集中，敲击位置适当，周围不准有人靠近	
			每次放飞前，应对无人机巡检系统的动力系统、导航定位系统、飞控系统、通信链路、任务系统等进行检查。当发现任一系统出现不适航状态，应认真排查原因、修复，在确保安全可靠后方可放飞	
	3	气象环境	无人机巡检应在良好天气下进行，如遇大雨、雷电等恶劣天气及风力大于5级时，应立即停止无人机巡视	
			应检查起飞和降落点周围环境，确认满足所用无人机巡检系统的技术指标要求	
			应确认当地气象条件是否满足所用无人机巡检系统起飞、飞行和降落的技术指标要求；掌握航线所经地区气象条件，判断是否对无人机巡检系统的安全飞行构成威胁。若不满足要求或存在较大安全风险，工作负责人可根据情况间断工作、临时中断工作或终结本次工作	
	4	其他	工作前8h及工作过程中不应饮用任何酒精类饮品	
			工作时，工作班成员禁止使用手机。除必要的对外联系外，工作负责人不得使用手机	
			现场不得进行与作业无关的活动	

五、作业流程及内容

（一）丢失图传操作流程

在飞行中遇到图传信号丢失，具体表现为显示画面会黑屏或出现雪花屏。造成图传信号丢失的原因主要为强信号干扰、软件故障、链路机械故障或云台故障。

①第一时间调整天线，尝试转动天线，看是否能重新获得图传。

②马上目视查找无人机，如果无人机目视可见，可以按照前文的判断无人机朝向方法控制无人机返航。如果无人机目视不可见，则很有可能被建筑遮挡；如果是高度上遮挡，则可以尝试拉升无人机5s，不可多操作；如果是方位遮挡，则应迅速移动避开障碍，尝试获得图传。

③检查应用软件上方遥控器信号是否存在，打开全屏地图，尝试转动方向检查屏幕上无人机朝向是否有变化。如果有变化，就说明只是图传丢失，仍然可以通过地图的方位指引进行返航。

④如果尝试了多种办法仍然无效，则必须记住原先应用软件的失控设置。如果设置为返航，则可以继续按返航键，等待无人机返航。如果设置为悬停，则应迅速赶往无人机最后失去图传的地址，无人机很有可能仍在当前地点悬停。目视无人机，操纵其降落。

（二）失控操作流程

具体表现是在没有任何操作的情况下无人机突然向一个方向飞去，或者直接升高，或者直接掉高。造成无人机失控的原因较多，普遍为遥控信号丢失、错误操作、机械或电子故障等。

①一般人遇到这种情况的第一反应是往相反方向打杆，但不宜过猛过大，视无人机姿态随时调整。

②迅速切换为姿态模式，看无人机是否能停止移动，如果仍在移动，再次尝试打杆挽救机器。

③如无人机带有一键返航功能并在飞行前设定了返航高度、返航点，按"一键返航键"无人机会自主返航，飞回记录的返航点。目视无人机或遥控信号恢复后，重新控制无人机降落。

（三）机械故障操作流程

如果无人机在空中出现机械性故障，则挽救的成功率不高，但只要在飞行前对无人机各部件进行仔细的检测还是可以规避这类故障的。当多旋翼无人机（6旋翼或8旋翼）出现螺旋桨破损或脱落的情况时，可通过以下操纵来紧急处理：

①立即切换飞行模式为姿态模式，手动控制无人机。

②方向舵及副翼应遵循少量多次的原则，切勿大杆量大姿态，通过方向舵和副翼的控制使飞行器飞行姿态平稳，消除飞行器自转。

③慢收油门杆，使无人机匀速下降，在快到达地面时由于地面效应，及时快速调整飞行器姿态平稳接地，并迅速将油压到底。

（四）遭遇大风操作流程

作业人员应提前收集飞行时段内的气象信息，制定好作业时间和飞行航路等前期工作。一是气象条件超出无人机运行范围就应禁止进行飞行作业。在良好的天气情况下进行无人机飞行作业，也建议打开姿态球，密切监视飞机姿态。姿态球显示飞机的姿态变化、相对位置和机头转向：飞机向前飞行时，蓝色水平面相应上升；飞机向后飞行时，蓝色水平面相应下降；飞机向右飞行时，蓝色水平面朝右侧倾斜；飞机向左飞行时，蓝色水平面朝左侧倾斜。当飞机旋转机头时，红色飞机相应旋转，尖角方向为机头方向。姿态球中红色飞机机头方向有一束绿光，表示相机镜头朝向。姿态球中心表示遥控器所在位置，一束白光为遥控器朝向。在飞行器飞远后，红色小飞机远离中心圆点，姿态球旁有5个参数，这些参数作用如下：

①H：显示飞行器与起飞点的相对高度。

②D：显示飞行器与起飞点的水平距离。

③V.S.显示垂直方向的飞行速度。

④H.S显示水平方向的飞行速度。

遭遇大风时可按以下操纵来紧急处理：

①在屏显面板上调出飞行器姿态球。

②空中遭遇强风，安态球倾斜达到极限，此时逆风打杆是没有作用的，应减少油门，使无人机高度下降，高度降低时低空风速也会下降很多。

③当无人机降低到可控高度时，应及时调整无人机方向，控制无人机安全降落。

（五）迷失飞机机头操作流程

当发现迷失机头方向时切记不要盲目打杆，应先使无人机悬停。

①单独一个方向打俯仰或副翼摇杆持续小段时间看飞机的运动方向来判断机头的方向。

②采用FPV图传画面或者通过地面站地图上机头指示信息或是通过回传飞机的数据信息找回机头方向。

③采用飞控的智能模式如无头模式或是返航模式返回。

紧急情况处理时无论无人机有没有恢复控制，或者有没有执行自动返航，都应该尝试性地不断往下拉油门，无人机离操纵者越近，恢复控制的可能性就越高，无人机飞得越低，迫降时的伤害会越小。自动返航在周边环境比较复杂的情况下还是存在安全风险，所以如果能由操纵者控制返航，还是手动控制降落更好。

（六）炸机后残骸处理

无人机炸机后残骸

坠机后马上赶到现场寻找并清理残骸，并注意携带灭火器、防爆箱等设备。可以根据GPS信息搜寻坠机位置，到达现场后先观察无人机电源是否脱落，是否有起火或者螺旋桨仍然转动现象，并注意防止人身伤害，先灭火再采取措施使电源断电。电池无论损坏都要放入防爆箱带回处理，把飞行数据导出分析，或者发给厂商技术人员做分析并总结经验。

项目五　巡检数据处理

一、培训目标

能够掌握激光点云建模以及无人机自主巡检航线规划软件的使用方法、步骤和注意事项。

二、实施方法

无人机自主巡检是新兴的架空输电线路巡检手段，是通过对某一段线路及杆塔进行激光点云建模后，形成线路及杆塔的数字化模型，而后通过相关航线规划软件在激光点云模型的基础上进行航线规划、生成无人机航线文件，以使无人机实现自主飞行、自主巡检。无人机自主巡检具有着作业效率高、质量高，人员技术要求水平低的明显优势，已逐渐成为架空输电线路的重要巡检手段。本项目主要讲解如何对某一段线路及杆塔进行激光点云建模并开展航线规划的方法、步骤和安全注意事项。

三、作业前准备

（一）材料和工器具

搭载有激光雷达扫描设备的无人机、激光点云数据处理软件、无人机航线规划软件、高性能计算机、安全帽。

（二）场地

①激光点云数据作业采集应在良好的天气下进行，如遇有雷雨、雷云天气，应停止作业，并撤离现场。

②应在线路附近合适位置选择无人机起降点，起降点正上方应无障碍物遮挡。

③拟进行激光点云建模的线路区段，地形应较为简单、空旷，线路旁应无较高树木、建筑物等障碍物，以保障设备安全。

四、危险点分析及安全控制措施

√	序号	危险点	安全控制措施	备注
	1	无人机对作业人员的威胁	无人机在起飞前应做好外观检查，确保无人机各部位连接牢固	
			作业人员在起飞前应做好遥控器设置检查，确保避障功能已打开、飞行模式、控制模均正确	
			无人机在起飞与降落时应选择平整的地方，起飞与降落前应确保起飞点与降落点附近无人员逗留，在桨叶停止转动前，严禁人员靠近无人机，严禁用手接触	
	2	无人机等设备安全	无人机在执行任务时，应严格遵守《架空输电线无人机巡检标准化作业指导书》	
			在进行航线规划时，应确保航线与杆塔、周围障碍物附近保有足够的安全距离	
			在执行作业前应对无人机电量信息等进行检查，确保无人机的状态可以完成任务	
	3	天气或其他因素	作业中，遇阵风较为强烈、降雨或其他因素威胁无人机设备及作业人员安全时，应立即停止作业，待无人机安全返航后，撤离现场	

五、作业流程及内容

①检查无人机、激光雷达等设备外观、是否有损坏现象，如有损坏应更换设备。

②组装无人机，检查电量信息，将组装完毕的无人机移动至起飞点，并检查起飞点正上方是否有障碍物，如下图所示。

组装无人机

③将无人机与遥控器（激光雷达等设备）开机，待无人机与遥控器连接成功后，检查遥控器设置信息。

④确认无人机当前电量信息、卫星颗数、RTK连接状态、有无SD卡、天气情况等信息，判断是否具备起飞条件。

⑤待无人机具备起飞条件后，确保无人机2m范围（视无人机大小可适当增大）内无人员逗留，无人机起飞点周围无障碍物后方可开始作业。

⑥在作业时，应首先将无人机飞至起始杆后侧线路的正上方，使激光雷达数据能够完整的采集到全塔信息，受激光雷达功率影响，在采集线路激光点云数据过程中，应无人机低速沿着线路方向飞行，且最大速度不能超过5m/s，以保证采集到的线路激光点云数据具有较高的点密度。当无人机飞至终止杆塔完成第一次激光点云数据采集后，应沿着原路返回，使采集到的数据更加全面。

⑦待无人机作业完成后，应将无人机安全降落至降落点附近，在无人机降落之前，应确认降落点附近无人员逗留，无障碍物遮挡，待无人机成功降落后，应一直将油门杆拉到底，直至无人机桨叶停止转动，方可松手。

⑧将无人机及设备按照顺序依次关机，并收入整理箱中，将装有采集的

激光点云数据出储存卡或文件，导入装有激光雷达解算软件的计算机中。

⑨建立工程文件，导入采集到的激光点云信息，待软件解算后，即可看到相对应杆塔的激光点云模型。如发现激光点云模型出现重影或其他与实际线路偏差较大的情况，视为激光雷达数据采集失败，此时应再次执行以上任务，对相应线路再次进行数据采集。

⑩将激光点云模型进行简易处理。因空气中存在少量杂质，导致激光点云模型中，出现少量噪点，应手动将此类噪点删除，进行模型处理工作。

⑪将处理后的模型导出成Las或其他可以进行航线规划的文件。

⑫打开航线规划软件，新建工程，导入刚刚处理完毕的激光点云模型，并设置相应的坐标、无人机机型、安全距离等信息。

⑬针对所需要巡检的部件，进行无人机航线规划，规划的航线应清晰明了，具有一定的逻辑性，不允许从导线中间穿越。待所需要的拍照点均规划完毕后，依照航迹点顺序，逐点进行安全性检查，确保所规划的航线无炸机风险且能够完成巡检任务。

具体步骤为：

第一：生成航线，生成全部航线：点击"杆塔列表"面板中的"精细巡检"，鼠标右键，在弹出菜单中点击"按区域生成航线"或"按部件生成航线"，即可生成航线。

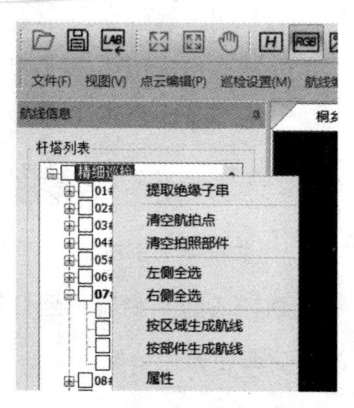

按区域生成全部航线

按部件生成航线可分为"S形"和"Z形"两种方式。

按部件生成全部航线

生成单个航线：点击"杆塔列表"面板中的"塔号"，鼠标右键，在弹出菜单中点击"按区域生成航线"或"按部件生成航线"，即可生成航线。

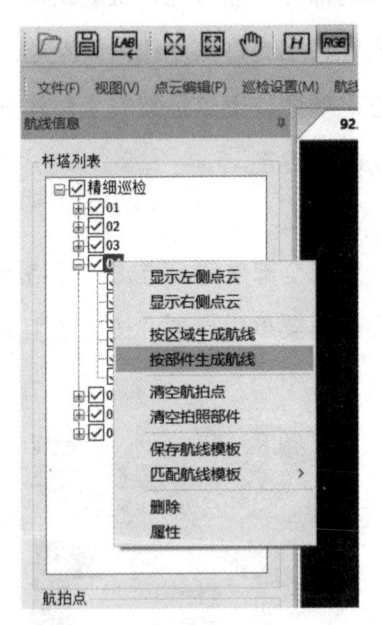

生成单个航线

按区域生成航线：先规划杆塔的左侧后规划杆塔的右侧，左侧又分小号侧和大号侧，先规划小号侧再规划大号侧。

按部件生成航线：按"S"形规划。

第二，保存航线模板、匹配航线模板。

保存航线模板：在规划好航线后，点击"杆塔列表"面板中的"塔号"，鼠标右键，在弹出菜单中点击"保存航线模板"，在"请输入模板名称"中输入塔号名称，点击确定即可生成航线模板。

匹配航线模板：点击"杆塔列表"面板中的"塔号"，鼠标右键，在弹出菜单中点击"匹配航线模板"，在"请选择航线模板"中选择对应的航线模板，在编号框下勾选对应塔号的选框，点击"一键匹配"即可生成模板航线。

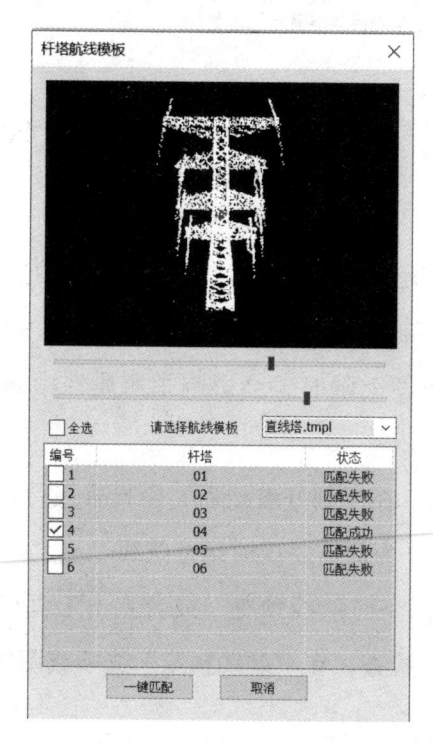

匹配航线模板

注意：

这里参考杆塔是指作为杆塔模板对象的杆塔，启用航线模板复制功能时需要通过双击杆塔，即将当前杆塔置为参考杆塔。

杆塔航线模板匹配功能会自动复制模板杆塔的命名属性，包括电压等级、线路名称、相位名等信息，并自动设置相应的杆塔名称。

第三，导出航线。在规划好航线后，选择"航线编辑">"导出航线"或者点击工具栏中的"导出航线"图标（　）导出规划好的航线。

导出航线包数据时云台角度超限时的处理规则：当航点的云台角度超过最大角度的限制时将重置该航点为无动作点及辅助点。

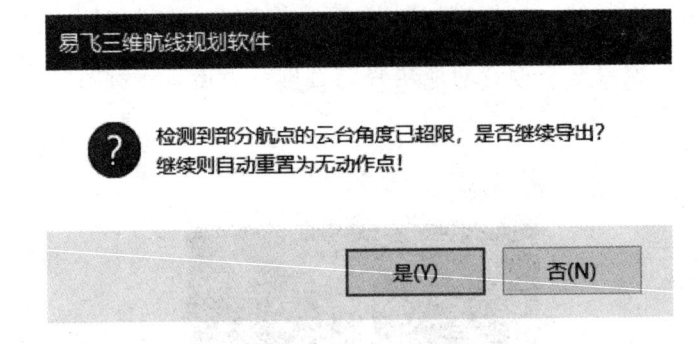

云台角度超限导出提醒

注意：云台角度超限时，如果确认该航点是拍照点，请务必点击该按钮，并根据提示的航点依次调整航点云台角度，否则容易造成漏拍的情况。（修改云台角度上限时，会影响拍照属性中云台角度所能设置的上限。）

第四，航线预览。在规划好航线后，需检查飞行任务的执行路径，以避免发生撞塔的情况，为此需要提前预览航线。

选择"航线编辑">"航线预览"或者点击工具栏中的"航线预览"图标（　）对航线进行检查，在"航线预览"选项或图标上再次点击可切换"航线预览"显示状态。

注意，若"航线预览"为禁用状态时，需点击3D视图以激活"航线预览"功能。

第五，实时检测。点击"航线编辑">"实时检测"或者点击工具栏中的"　"图标实时检测航线安全，系统实时检测当前3D视图窗口中的杆塔的各段航线是否存在碰撞风险，如果存在某段航线与最近的杆塔点云直线距离低于设置的安全距离时,则该航线段标红警示碰撞。

用户根据警示调整航线中的航点位置,直到航线距离安全,当航点距离杆塔点云直线距离小于设置的安全距离值,航线段自动变绿。

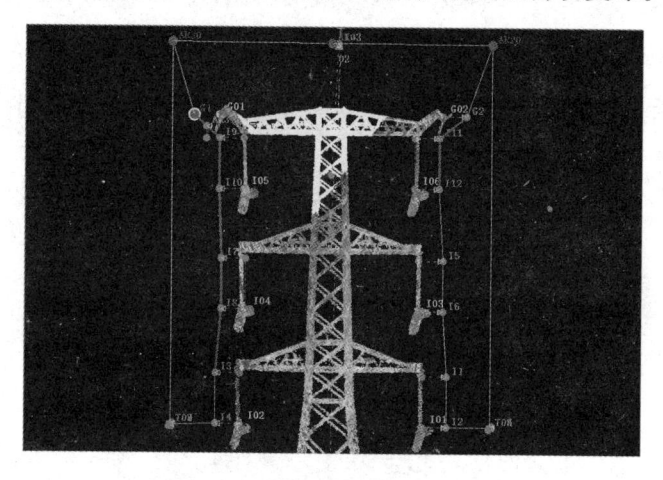

实时检测

第六,航线编辑。点击"航线预览"保证航线处于显示状态,选中"编辑航线"按钮或者点击工具栏上开关图标( ),保证开关按钮处于选中状态,此时可以对3D视图窗口中的航线进行编辑。

按住键盘Shift键,同时鼠标在航线连线上点击,即可在点击位置处插入新的辅助点,双击该点打开航点属性窗口或者鼠标悬停航点上按住鼠标左键拖动即可修改航点的角度、距离等属性。

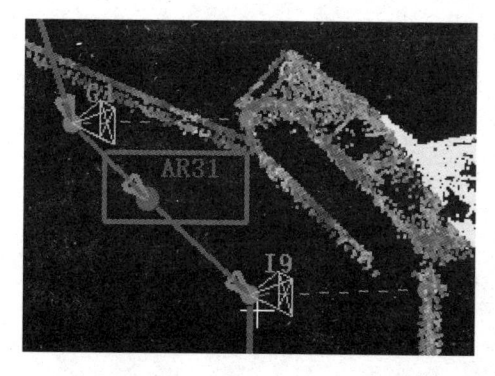

航线编辑

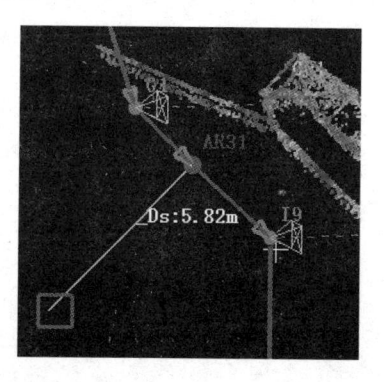

按住键盘Shift键，同时鼠标点击航点，即可转换该航点的类型，选中辅助点按住Shift键+鼠标左键，则该辅助点转化为航拍点，经过该点时拍照；若对航拍点操作则同理该点转化为辅助点，经过该点时不再拍照。

按住键盘Crtl键，同时鼠标点击航点，即可将该航点删除。

删除辅助点时点删除即可删除，删除航拍点时，平台给出确认提示，确定后删除，防止误删除操作。

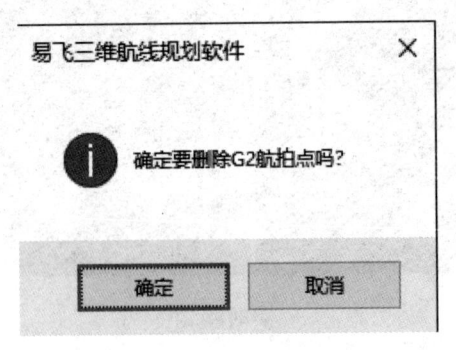

删除航拍点误操作提醒

项目六　缺陷隐患分析

一、培训目标

能够分析、辨识架空输电线路各类典型缺陷隐患，从而更好的应对及防范此类缺陷的发生。

二、学习方法

通过几组典型缺陷照片，分析其形成的原因，今后在工作中遇到此类缺陷该如何应对及如何提前预防此类缺陷的发生。

三、学习前准备

准备缺陷图片若干组、笔、纸。

为统一缺陷描述，需要将输电线路缺陷标准术语进行规定和统一，具体要求如下：

①线路方向以杆塔号方向为正方向，即线路分大号侧、小号侧。面向正方向分前、后、左、中、右。

②基础、接地装置按顺时针分A腿、B腿、C腿、D腿。接地装置由接地引下线和接地网组成，记缺陷时要写明确。

③铁塔分塔头和塔身某段，杆塔的前侧、后侧和左侧、右侧按线路正方向统计。

④横担分导线横担、地线横担、按其横担导线相位描述。

⑤塔材应注明规格尺寸、塔材号、数量。

⑥拉线按左、右腿的前、后侧分。杆塔分内、外角拉线。

⑦架空地线分左、右地线，地线支架分左支架、右支架。导线分左、中、右线或按相序分。四分裂导线需逆时针注明某相1（左上）、2（左上）、3（右下）、4（右上）子线。

⑧绝缘子串分左、中、右相或按相序分。耐张绝缘子串还分大、小号侧。双串绝缘子要分里、外串。绝缘子片数从横担向导线依次计数。

四、典型缺陷隐患分析

（一）案例一

XX线XX号-XX号X相第X间隔棒外X米第X子导线断线示意图

××线××号-××号×相第×间隔棒外×米第×子导线断线。

1.形成原因

从照片上初步分析缺陷形成原因：导线与金具磨损，最终导致导线断线；因为某种特殊原因，在某种特定的条件下导线发生断线。

（1）相间短路

××线207-208号故障段档距596m，放电故障点距207号塔264m左右，207号塔型为ZB3V，呼称高51m；208塔型ZB3V，呼称高39m，位于××市××镇××村，地处平原开阔地带，导线覆冰49.22mm。××线为西南走向，根据现场反馈地面风向为东北风，风力为5~6级，瞬时风向与线路的轴向夹角约为70°，在大风的作用下，水平排列的左边相导线与中相导线呈不同期舞动，两相导线相互接近，造成相间放电闪络，引起故障跳闸。

（2）导线断线

××线为西南走向，故障发生时当地伴有大风天气，根据现场反馈地面风向为东北风，风力为5~6级，瞬时风向与线路的轴向夹角约为70°，根据当地村民反映，故障发生时导线急剧摆动，符合导线舞动特征。

××线370-371号位于××市××县××镇××村，地处平原开阔地区。370-371号档距413m，断线故障点距370号塔85m左右，370号、371号塔型均为ZB2V，呼称高均为48m，导线型号JL/G1A-400/35，设计覆冰厚度10mm，现场实际测量覆冰厚度49.22mm。该实际覆冰值已经超过导线过载能力，故推断出，××线370-371号故障段覆冰厚度远远超出了线路设计条件，导线在覆冰和接近垂直风力的作用下产生舞动和次档距振动。369-372号三档内C相导线14个导线间隔棒发生损坏，其中370-371号整档6个导线间隔棒全部损坏。故障点在370号塔右边相大号侧第二间隔外约12m处，根据现场实际情况分析子导线、间隔棒受不同期作用力对导线产生高频扭动，造成子导线线股纵向受力不均衡，使导线线股发生形变，造成断线点子导线金属疲劳，导致子导线磨损，引起导线断线。

2.分析结论

①由于受雨雪冰冻等极端天气影响，××线207-208号故障段导线覆冰超出线路设计覆冰厚度，在大风的作用下，水平排列的左边相导线与中相导线呈不同期舞动，两相导线相互接近，造成相间放电闪络，造成故障跳闸。

②由于受雨雪冰冻等极端天气影响，××线370-371号故障段由于导线覆冰舞动子导线线股纵向受力不均衡，使导线线股发生形变，造成断线点子导线金属疲劳，引起导线断线，形成永久性接地故障。

根据现场巡视人员介绍，断线处距离最近间隔棒约20m，且此处无压接管、接续管等接续金具。缺陷发生时正值冰灾期间，从图片中可以看到导线覆冰厚度远超线路最初设计数值，所以可以判断，此处缺陷是因冰灾加之大风使导线舞动形成。

最终分析结论：由于受雨雪冰冻等极端天气影响，由于导线覆冰舞动子导线线股纵向受力不均衡，使导线线股发生形变，造成断线点子导线金属疲劳，引起导线断线，形成永久性接地故障。

3.防范措施

①收集、整理、分析线路覆冰舞动及冰闪的有关资料，开展冰闪机理和对策的研究工作，结合绝缘子覆冰闪络问题，运行部门要加强与设计、研究等单位的技术交流与合作，积极开展输电线路冰闪机理和治理措施的研究。

②新建工程应优化线路路径和提高设计标准。

③对于已经掌握的舞动易发段、重冰区等特殊气象区和微气候特征区域，在新建线路选线时，应尽量避让。对于重要线路，不宜采用双回共杆塔。对经过舞动多发区的输电线路，应进行防舞设计，对局部线挡加装防舞装置。

④对微气候气象区域运行线路进行覆冰校核和改造。对已运行的输电

线路，建议按调研确定的覆冰厚度、风速等气象条件进行设计验算，对设计标准偏低的进行改造。为防止掉线故障，吸取导地线覆冰断线和绝缘子金具断裂的经验教训，应开展舞动段金具探伤抽样试验。

⑤依靠科技进步，提高运行维护的监测手段。在微气象区域，开展冰、风、大气环境等自动监测工作，以便合理确定微气象区域范围及线路设计气象条件。

（二）案例二

XX线XX号杆塔X相X号侧地线耐张线夹断裂

1.形成原因

500kV××线153-154号地处平原地区,故障区段153号-154号塔档距为403m,153号塔呼称高为45m,154号塔呼称高为30m,导线排列方式为水平排列,导线型号为JL/G1A-400/35,双侧地线型号为GJ-100。500kV××线设计覆冰厚度为10mm,11月20日11时11分跳闸时,天气状况为晴,气温-6.4℃,故障现场地线覆冰厚度为30mm。根据现场左地线明显振动及地线存在重度、不均匀的覆冰情况分析:故障巡视时现场天气情况为晴天,现场气温-6.4℃,西北风3级,根据现场导地线覆冰形状判断,覆于导地线上的冰翼受风力作用加大了微风振动的作用时间和振动幅值,加之地线在脱冰过程中存在振动、跳跃情况,会导致过负荷地线对耐张线夹钢锚产生不平衡张力及高频振动,导致地线耐张线夹钢锚产生金属疲劳断裂,造成右地线掉落至右边相导线上,形成右边相(A相)导线单相接地短路跳闸。

2.分析结论

线路地线覆冰舞动、振动、不均匀覆冰、脱冰产生的不平衡张力和高频振动,导致线路地线耐张线夹钢锚产生金属疲劳而断裂,形成永久性接地故障。

3.防范措施

①在运行方面,应加强对微气候区的观测和记录,积累运行资料,应加强输电线路所经区域的气象资料收集,特别是飑线风的数据收集,包括发生时段、频率、风速、区域等,并加强导线风偏的观测。有条件时可设置风速、风向在线监测点,以摸索大风活动规律。

②在铁塔的设计过程中要充分考虑到各种天气情况及风力的大小,要充分考虑到影响风偏角的因素,改善导线对铁塔的间隙距离。

③保持导线对塔身有足够的空气间隙,耐张杆塔的跳线要采用硬跳线或增加跳线串绝缘子并加挂悬重锤。

④将中相跳线托架由单串绝缘子吊装形式改为双挂点双吊串形式，以提高稳固性，减少侧向风对托架的风摆幅度。

⑤清理线路走廊障碍物，如树木、边坡，并对大档距中央进行风偏校验。

线复合绝缘子第X片伞裙破损　　绝缘子串严重污秽

绝缘子自爆 　　　　　　　　绝缘子钢脚变形

（三）案例三

1.绝缘子常见缺陷表象

①玻璃绝缘子自爆问题。对于玻璃绝缘子来说，具有零值自爆的属性，之所以会发生此类问题，主要是因为绝缘子制作时玻璃中存在某些杂质以及结瘤，在输电线路运行相应时间后受到外部载荷以及冷热温差的影响，非常容易造成玻璃绝缘子的自爆问题。

②复合绝缘子的破损以及老化问题。对于合成绝缘子来说，应用一定

时间后会发生老化问题，会造成伞裙表面产生裂纹、电蚀、憎水性下降等现象。另外，伞裙之间的粘贴位置也存在脱胶的情况，都会影响线路运行安全。

③绝缘子钢帽发生锈蚀以及损伤问题。随着长时间受到外部环境的影响，绝缘子钢帽会出现较为严重的锈蚀，容易产生麻点以及凹坑等问题，会产生浇装水泥开裂和脱落的情况，对于整体机械强度造成严重影响。

④污秽以及爬电问题。绝缘子积污，按等值附盐密度测试结果，其爬电比距不符合对应污秽等级下爬电比距限值的要求；若是绝缘子存在脏污问题就会引发某些局部以及间歇性放电等问题；若是绝缘子出现严重的脏污就会产生持续性、非常显著的火花放电问题。

⑤绝缘子球头发生弯曲问题，同时复合绝缘子串发生断裂的情况。

2.绝缘子缺陷原因分析

（1）玻璃绝缘子自爆原因分析

要按照绝缘子自爆的时间对其原因进行分析：

①对于绝缘子运行1~2个月内所产生的自爆来说，其主要原因在于制造工艺问题，绝缘子钢化玻璃内部张力层存在相应的杂质或者结瘤。

②对于绝缘子运行1~2年内所产生的自爆来说，其主要原因在于绝缘子运行相应时间后受到较强机电负荷以及强烈冷热温差影响所造成的自爆。

③对于绝缘子长时间运行之后所引发的自爆来说，其主要原因在于玻璃表面所产生的积污层发生了受潮影响，一旦受到工频电压作用就会引发局部的放电，从而造成长时间的发热而引发玻璃件绝缘的下降，进而造成零值自爆。

④一旦玻璃绝缘子产生自爆，就会对绝缘子串的绝缘长度造成影响。在绝缘子串有效长度小于绝缘子串最小有效长度情况下，绝缘子串就会受到高压电流的影响而造成线路。

⑤若是绝缘子发生自爆后没有对其及时更换，一旦受到雷击或者污闪就会引发绝缘子钢脚烧坏而造成绝缘子掉串。

（2）复合绝缘子破损和老化问题原因分析

受到外部复杂环境的影响，复合绝缘子会因为有机材料所产生的改变而造成性能的劣化。另外，绝缘子表层的污秽一旦受到潮湿环境的影响（容易产生表面放电、电晕放电、酸雨、紫外线）就会引发绝缘材料的加速失效，从而造成绝缘子表层耐污闪性能的下降，从而造成绝缘性能的降低。

（3）绝缘子钢帽锈蚀以及损伤原因的分析

①制造质量方面的问题。所生产的绝缘子只在钢脚位置采用了锌套，并没有在钢帽上采用锌环，制造质量方面的问题造成了其发生锈蚀。

②因为绝缘子长期处在较为复杂的外部环境当中，随着时间的积累造成绝缘子钢帽发生锈蚀问题。

③电化学锈蚀也是引发绝缘子钢帽发生锈蚀的重要原因之一，一旦发生钢帽锈蚀就算短期内不会对绝缘子机械强度、电气强度造成影响，随着时间的增加锈蚀程度也会有所上升，从而影响到绝缘子的性能。

（4）绝缘子球头弯曲以及钢脚变形的原因

①施工过程中，因为绝缘子的起吊位置不合适、绑扎位置不当就会引发绝缘子球头受到较大外力而造成弯曲。

②受到较大风力作用而造成绝缘子串发生风偏。一旦输电线路所在区域的风速相对较大且作用频次较高，就会造成绝缘子球头出现弯曲变形。一旦绝缘子球头发生弯曲，就会引发绝缘子不均衡受力，随着风力的影响会在球头和碗头间形成摩擦而造成磨损，甚至会使得绝缘子球头产生折断。

（5）污秽以及爬电原因分析

输电线路所在区域的环境因素、粉尘、鸟类粪便等都会造成绝缘子表面形成污秽以及爬电问题。受到雨雪、露、雾等自然气象的影响，污秽层电解质湿度增加会提升表面电导率，会在绝缘子表层产生导电通路从而造成绝缘下降，从而引发污秽闪络。

3.输电线路绝缘子缺陷解决措施

①对于污染较为严重的输电线路区域来说，需要增强该区域的巡查力度，特别要关注绝缘子的积污情况，一旦达到相应量要及时进行清扫。另外，要加强输电线路的测量以及检测工作，主要包括：盐密、灰密取样和测量工作、饱和系数绝缘子盐密检测工作等等，通过这些检测，第一时间了解输电线路的污秽情况，从而进行针对性处理。

若是绝缘子发生自爆问题，那么要按照绝缘子的具体自爆数量，针对性地替换。同时也要对输电线路绝缘子自爆范围的分布情况实施统计分析，从而建立相应的参考数据。另外要加强绝缘子的爬距复核，发现不符合规范的要实施必要的调爬。

②一旦复合绝缘子发生破损要及时对其进行更换，受到雷击闪络过的复合绝缘子一定要进行及时更换，为了保证绝缘子的高质量，对于输电线路运行过程中的复合绝缘子需要定期（一般3年左右）抽样送检，及时发现问题进行更换。

③要对输电线路绝缘子的运行情况进行定期巡查，明确绝缘子的锈蚀情况是否存在扩展的问题。要加强绝缘子钢脚位置以及导线绝缘子实施检查，第一时间对污秽区域绝缘子进行排查，有必要的情况下增设绝缘子的数量和金具的数量，并提升其强度以及稳定性。

④对于球头弯曲绝缘子进行及时更换。可以通过双绝缘子串来进一步提升其强度以及稳定性，对于悬垂角以及垂直档距相对较大的直线塔可以采取双线夹来控制。对于容易发生舞动的区域来说，可以采取双联双线夹。如果绝缘子采取整串起吊的方式，一定要合理地设定起吊位置。

⑤在充分考虑污秽特征、运行经验以及等值盐密等相关因素的基础上

对污秽等级实施明确划定。在完成污区分布情况的设定后要对绝缘子的爬距实施校核，可以利用调整绝缘子类型和爬电比距定期清理绝缘子等措施来避免其受到过度污染。另外，要及时将性能较差、零值绝缘子更换掉，并且为了提升绝缘子的抗污性能可以定期在污秽较为严重区域的绝缘子表层涂上憎水性防污涂料，也可以采取合成绝缘子来提升抗污性能。

（6）一旦发现绝缘子串发生断裂的情况要对其进行及时的更换。要加强输电线路的常规性巡查，根据电网预试的相应规程实施红外检测。同时要充分结合绝缘子的实际使用年限、运行情况、抽检情况等绝缘子进行定期抽样送检（一般3年左右）。

第六章　高级技师技能培训

项目一 无人机系统调试

一、培训目标

能够掌握使用计算机完成多旋翼无人机的参数调试工作，完成固定翼无人机的参数调试工作。

二、实施方法

无人机的调试工作很大一部分是对飞行控制参数的调试，广义的飞控参数包含了制导、导航、控制律，以及各种控制策略中的可调参数。无人机系统调试是开展无人机巡检必不可少的一个重要步骤，无人机系统的参数调试工作是使无人机达到最优状态的重要手段。参数调试的结果将会直接影响工作效率和无人机等设备的安全。一般的飞控都有上百项需要人为调试的参数，有的甚至是上千个。而姿态控制作为无人机控制的基础，一般在无人机试飞调试时首当其冲，成为首要调试对象，当然导航的参数肯定是在调试姿态之前都有一个比较好的状态的。

本任务讲解无人机系统参数调试的方法、步骤及安全注意事项，无人机的类型主要分为多旋翼无人机和固定翼无人机，我们将以上两种主要的无人机类型来进行讲解。

三、作业前准备

（一）材料和工器具

PIX4飞控、计算机、12V稳压分电板、M8NGPS、电流计、数据线、电池、电机、电调。

（二）场地

调参工作在室内进行，应该选择安静无闲杂人、设施工具齐全的条件下进行。

四、危险点分析及安全控制措施

√	序号	危险点	安全控制措施	备注
	1	人身伤害	室内电源确保安全无隐患，每个实验室配有单独的智能空气开关以免操作不当导致人身触电	
	2	设施及物品损坏	调参前请严格按照手册规范操作，仔细检查飞控系统各线路连接是否正确，确保无虚接、短路等现象	

五、作业流程及内容

（一）驱动和程序软件的安装

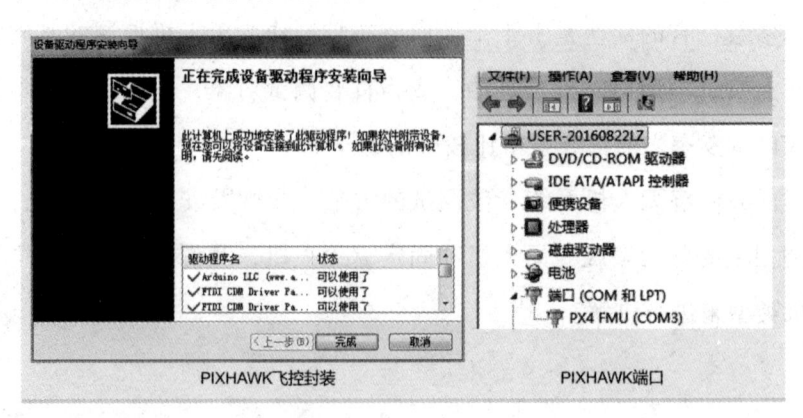

驱动和程序软件的安装

（二）烧写固件

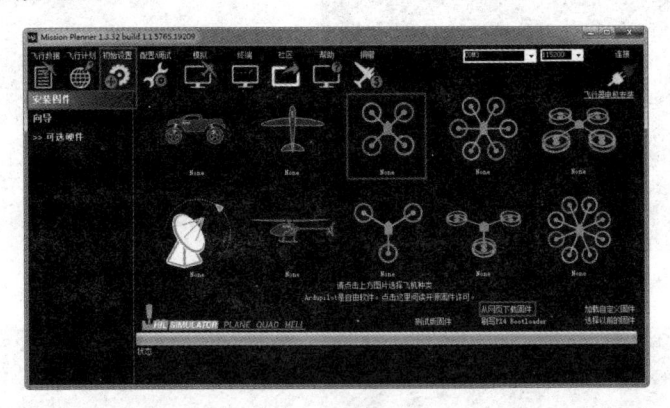

烧写固件

（三）飞控详细调参设置

1.加速度计校准

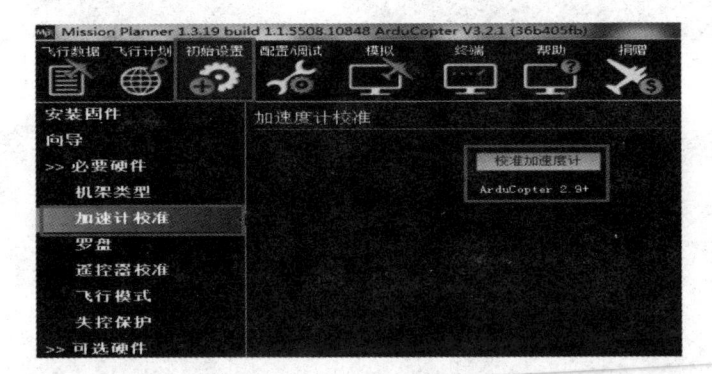

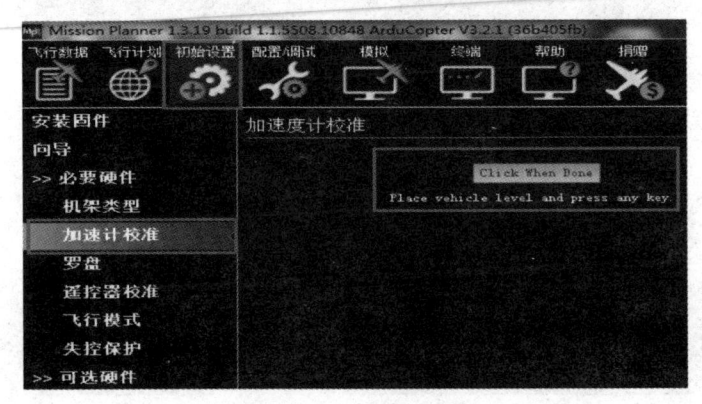

加速度计校准步骤1

加速度计校准步骤2

加速度计校准步骤3

加速度计校准步骤4

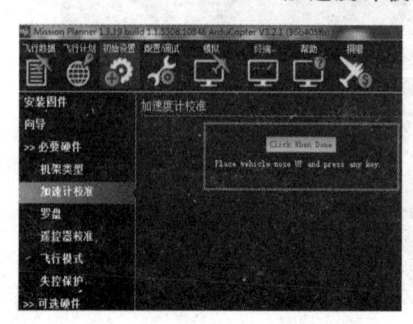

加速度计校准步骤5

加速度计校准步骤6

2.罗盘校准

选择初始设置→罗盘→如使用内置罗盘则选第一个Pixhawk/PX4→开始校准，如图所示。

罗盘校准步骤1

沿各个轴对飞控进行圆周运动，至少沿每个轴旋转一次，即俯仰360º一次，横滚360º一次，水平原地自转360º一次，可以看到屏幕上的进程，如图所示。

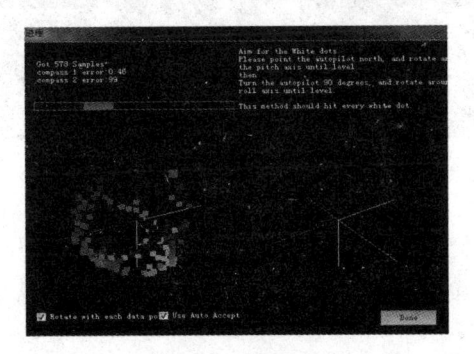

罗盘校准步骤2

校准完成后会提示罗盘的补偿量（误差量），如图所示，点击OK完成罗盘校准。如果觉得误差太大，则可尝试重复校准一次。

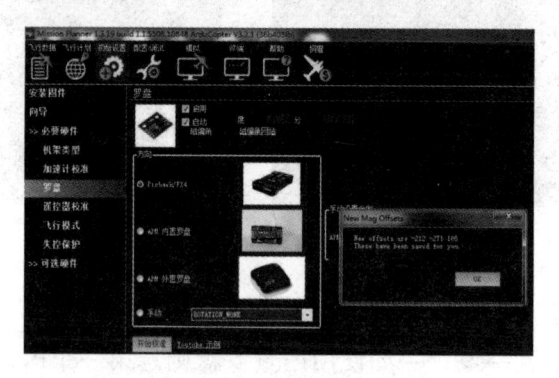

罗盘校准完成

3.遥控器校准

连接PIXHAWK的USB数据线，打开遥控器发射端电源，运行MP，按步骤选择好波特率与端口后点击connect连接PIXHAWK，接着点击Install setup（初始设置）→Mandatory Hardware→Radio Calibrated（遥控校准）→校准遥控按钮，如图所示。

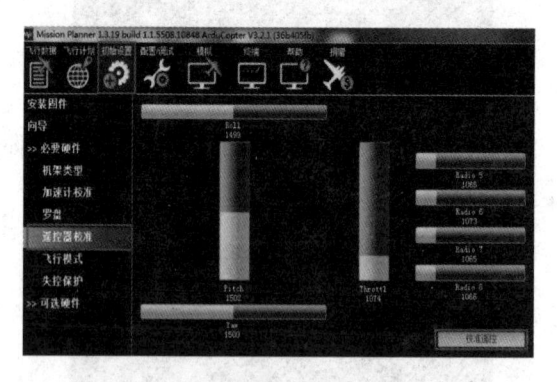

遥控器校准步骤1

点击校准遥控后会依次弹出两个提醒：第一个是确认遥控发射端已经打开，如图所示；第二个是接收机已经通电连接，确认电机没有通电，如图所示。

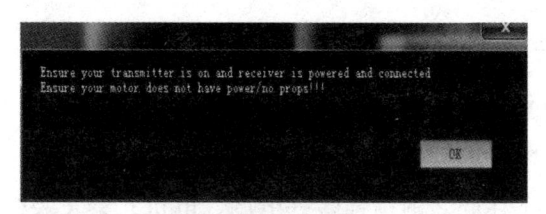

遥控器校准步骤2

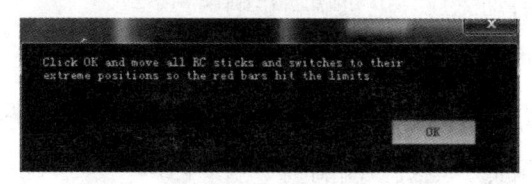

遥控器校准步骤3

点击OK开始拨动遥控开关，使每个通道的红色提示条移动到上限和下限的位置，如图所示。

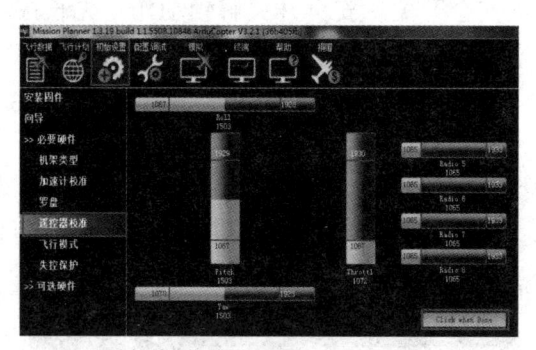

遥控器校准步骤4

当每个通道的红色指示条移动到上下限位置的时候，点击Click when Done保存校准时候，弹出两个OK窗口后完成遥控器的校准，如图所示。

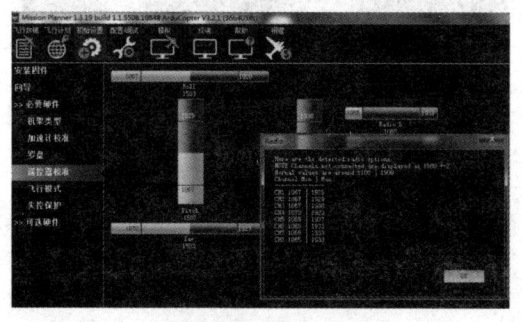

遥控器校准完成

4.油门行程校准

①全部断电。

②遥控器上电,油门保持最大。

③飞控上电(在此之前请连接好电调、电机,禁止装螺旋桨)。

④飞控正常启动完成,电机嘀嘀粗响两声。

⑤飞控断电再上电,长响一声很粗的声音。

⑥按下安全开关按键,到灯变成长亮,电机"嘀嘀"两声。

⑦油门拉到最低,电机"嘀嘀嘀…嘀"四声。

⑧行程校准完毕,此时可以推高油门看看电机转速升高效果。

5.解锁启动

第一步,解锁安全开关。安全开关解锁动作是先长按解锁开关,当听到"嘀……嘀……嘀……嘀……"后,说明解锁已准备好。

第二步,通过安全开关后,再检测遥控第三通道最低值+第四通道最右值,即油门最低,方向最右,无论是左手油门还是右手油门,只要操作摇杆使油门最低,方向摇杆最右(pwm值最大)即可执行PIXHAWK的解锁动作,如图所示。

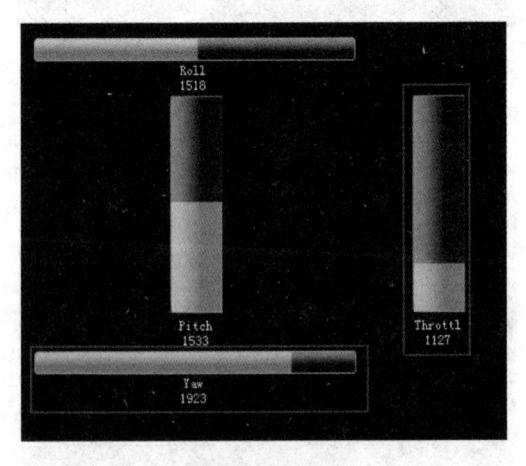

遥控器校准完成

6.飞行模式配置

配置飞行模式前同样需要连接MP与PIXHAWK，点击"初始设置"菜单，选择"飞行模式"，就会弹出飞行模式配置界面，然后设置所需的飞行模式。

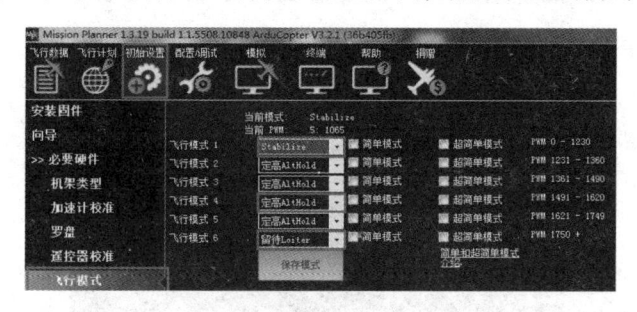

飞行模式配置界面

7.失控保护

失控保护是当飞行器失控时自动采取的保护措施，PIXHAWK的失控保护菜单配置。触发PIXHAWK失控保护的条件有两个，分别是低电量和遥控信号丢失。

电量过低失控保护

遥控信号丢失保护（油门PWM过低）

8.命令行的使用

MP地面站中的 TERMINAL（命令行终端）是一个类似 DOS 环境的串口调试工具，通过它可以测试传感器的原始输出数据流，也可以配置 PIXHAWK 的其他功能。

命令执行界面

9.视觉定位标准

多旋翼无人机部分具备视觉定位功能，如需进行视觉定位校准，点击软件左侧的"校准"按钮，将计算机屏幕尽量调整至垂直状态，并使飞行器面向屏幕，进行前视摄像头校准。点击"开始校准"后，计算机屏幕会出"校准窗口"，将无人机正面对准屏幕，前后移动调整无人机，使屏幕中红色方框和蓝色方框重合。重合后保持数秒，直至提示对屏成功，该位置将用于标定全过程。

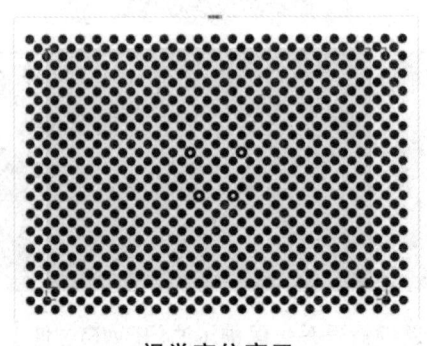

视觉定位窗口

10. 前置摄像头标定

上下旋转无人机，保持红色进度条居中，填充屏幕中蓝色进度条，直至蓝色进度条填充完毕。随后慢速左右旋转无人机，直至蓝色进度条填满，直至提示前视摄像头标定完毕，如下图所示。

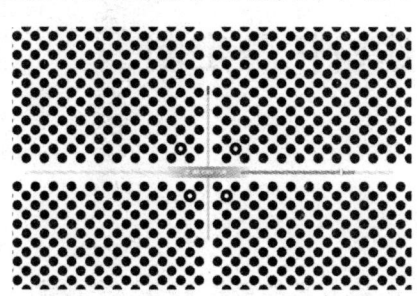

前视摄像头标定界面

11. 标定完成

随后点击开始显示摄像头标定，将无人机下方朝向屏幕，电池朝向右方，机头朝左，前后调整无人机，使红色方框与蓝色方框重合，保持数秒。保持红色进度条居中，慢速上下旋转飞行器，填充屏幕中蓝色进度条，直至蓝色进度条填充完毕，再慢速左右旋转无人机，直至蓝色进度条填满。操作完毕后，无人机将自动开始进行校准计算，请确保其电量充足且数据线与电脑保持连接状态，计算完成后，系统将进行提示"标定完成"。

12. 调查完成

将无人机和计算机关机，将无人机移动至空旷室外地带，开机试飞，确认无人机调参成功。

项目二　巡检任务定制

一、培训目标

能够掌握架空输电线路无人机巡检方案的审核工作；完成无人机自主巡检作业所有环节的风险分析工作，并制定相应安全措施。

二、实施方法

编写架空输电线路无人机巡检方案，并对全自主巡检作业各环节风险进行分析。

三、作业前准备

（一）材料和工器具

白纸、笔。

（二）场地

理论教室。

四、作业流程及内容

架空输电线路无人机巡检方案编制。

1.巡检线路概况

介绍线路长度、途径地域，线路区段所处地形环境，所属运维单位，临近线路分布情况及线路色标颜色。

2.巡检计划

备注该线路的巡检计划。

3.工作方案

人员配置安排，每组作业人员应不少于2人，其中，一人担任工作负责人，另一人担任操作人。工作负责人应符合安全规定的要求，清楚作业任务、危险点和安全措施；操作人应具备相应无人机操作资格证书，当现场只有一名操作人，该人员应具备一年以上的无人机巡检作业经验。

注明巡检无人机的型号及其主要参数。

工作流程如下：

①作业前，工作任务布置人签发"架空输电线路无人机巡检作业工作单（适用于多旋翼无人机巡检）"（附件一）给工作负责人。

②工作负责人依据"架空输电线路无人机巡检作业工作单"和现场实际情况向作业成员交待安全技术措施、个人工作任务分工、检查无人机巡检系统是否完备和人员精神状况是否良好，并严格监督作业成员执行工作单所列安全技术措施和相关安全工作规定。巡检作业成员在清楚巡检任务、巡检危险点和安全技术措施后，在"架空输电线路无人机巡检作业工作单"上签字确认。

③办理工作许可手续方法可采用当面办理、电话办理或派人办理。当面办理和派人办理时，工作许可人和办理人在两份工作票上均应签名，并填写工作许可时间。

④巡检作业开始前工作负责人应对工作班成员进行安全交底，确认现场安全措施、危险点等，并确认签字。

⑤巡检作业前必须按飞行前检查单严格执行，根据该检查单的作业前检查事项逐项打勾确认并签名确认。

⑥巡检结束后，工作班成员应填写无人机巡检飞行记录单，详细记录

无人机飞行状态信息，线路信息等。

⑦巡检结束后应及时处理巡检数据，填写缺陷记录表和巡检报告，巡检缺陷应及时反馈。

4.巡检作业要求

多旋翼无人机精细化巡检按塔型分类其巡检内容及要求如下：

①直线杆塔巡检内容及巡检要求。

巡检内容：绝缘子的导线侧金具附件和绝缘子杆塔侧的金具附件以及地线金具附件；导线或地线上的防震锤等。

②耐张塔巡检内容及巡检要求。

巡检内容：绝缘子的导线侧金具附件和绝缘子杆塔侧的金具附件以及地线金具附件、跳线串绝缘子；导线或地线上的防震锤等。

③附属设施巡检内容及巡检要求。

巡检内容：对安装在杆塔上的在线监测装置、避雷器、防鸟装置等设施进行无人机拍摄。

5.现场组织措施

明确工作负责人职责、作业人员职责。

6.现场技术措施

合理规划航线，设置安全策略，把航前检查、航巡监控、航后检查、巡检作业纳入技术检查项目。

7.现场安全措施

现场安全措施包括一般注意事项和使用多旋翼无人机巡检系统的安全措施。

（二）自主巡检作业所有环节的风险分析及安全措施

①无人机自主巡检航线规划不合理，存在撞塔风险。

安全措施：做好航线校验，确保安全距离。

②无人机RTK定位不准，存在撞塔风险。

安全措施：做好飞前检查，确保RTK定位模块正常工作。

③无人机飞行速度过快，存在风险。

安全措施：控制无人机巡检速度小于10m/s。

④自主飞行期间，RTK连接中断，存在无人机失控风险。

安全措施：采取紧急措施，控制无人机悬停，确认状态后进行手动降落。

⑤自主飞行期间，因为距离过近导致无人机航线任务中断。

安全措施：确认无人机与障碍物距离，选择继续飞行或手动降落。

⑥无人机巡检结束，降落失败风险。

安全措施：采取措施手动控制无人机降落。

六、审核与批准

方案应由无人机方案编制人所在部门的无人机管理专职进行审核，主要对方案的合理性和安全性进行审核，当遇到较复杂的作业或与其他班组协同作业时，应邀请本部门安全专职和其他班组负责人共同对方案进行审核。

1. 审核流程

由方案编制人对方案进行全面介绍，尤其应着重介绍现场组织措施、技术措施和安全措施。审核人对作业过程中可能遇到的危险点进行询问，并审核组织措施、技术措施和安全措施是否满足现场安全作业要求。

如审核不通过，方案编制人应按照审核意见进行修改，并再次提交审核，直至审核通过。审核通过后，审核人员应在方案上进行签名，并填写职务与日期。

2. 方案批准

方案经审核无误后，应由部门生产负责人在方案上进行签名，并填写职务与日期。

现场作业人员在作业过程中应携带作业方案、熟悉方案内容。现场检查人员应不定期进行检查。

项目三　精细化巡检

一、培训目标

能够完成一个100m×100m×100m的电子围栏的制作,形成无人机限飞区域;完成一基杆塔的精细化自主巡检作业。

二、实施方法

输电线路巡检经过发展,虽然利用载人直升机进行电力线路巡检受地理环境因素影响小、巡检周期短、单次巡检效率高,但是,由于我国目前载人直升机出勤率较低,使得年巡检效率较低,同时工作人员的安全问题、昂贵的直升机使用、维护成本和飞行之前复杂的审批程序等诸多问题限制了这一巡检方式的大力推广。因此,电力部门急需一种成本低、周期短、机动性强、效率高的巡检方式,无人机便由此进入了人们的视野。采用无人机进行电力线路巡检,能够提高机载传感器使用的灵活性,减少人员伤亡风险,降低巡线成本,可在飞行中获取大量电力及非电力类数据,为电网管理和维护提供更多数据支持。本项目我们将利用无人机自主精细化巡检技术进行输电线路设备的巡检以及电子围栏的制作。

三、作业前准备

（一）材料和工器具

多旋翼无人机巡检系统、无人机自主巡检系统、风速仪、温湿度仪、测电器、个人工具、巡视记录本及笔、望远镜、对讲机、数码相机等。

（二）场地

①运行中的架空输电线路。

②确保良好的工作环境，无人机自主巡检应在良好的天气下进行，遇有雷雨、雷云天气应停止作业任务，并撤离现场。

四、危险点分析及安全控制措施

√	序号	防范类型	危险点	安全控制措施
	1	意外伤害	交通事故	应遵守交通法规，避免车辆伤害
			摔伤	路滑慢行，遇沟、崖、墙绕行
			中暑、冻伤	暑天、大雪天必要时由4人进行，且做好防暑、防冻措施
	2	机体损伤	搬运运输	运输时牢固放置无人机系统，防止颠簸；无人机搬运时轻拿轻放，保证无人机及各备品备件安全
	3	无人机丢失卫星	无人机丢失卫星	程控手加强观测及时汇报操控手相关信息
				作业前，固定翼无人机应预先设置突发和紧急情况下的安全策略
				现场禁止使用可能对无人机巡检系统造成干扰的电子设备，作业过程中，操控手和程控手严禁接打电话

续表

√	序号	防范类型	危险点	安全控制措施
	4	摔机	起降操作及巡检过程中环境变化	作业前，严格执行飞行前检查步骤后方可起飞；工作中，严格遵守有关规定，禁止擅自违规操作、严禁误操作
				巡检飞行速度不宜大于30m/s
				起飞和降落宜在同一场地
	5	无人机伤人	螺旋桨伤人	机起飞和降落时，作业人员应与其始终保持足够的安全距离，避开起降航线。螺旋桨转动时，严禁无关人员接近
				固定翼无人机巡检系统断电应在螺旋桨停止转动以后进行
			碰撞伤害	使用弹射起飞方式时，应防止橡皮筋断裂伤人；弹射架应固定牢靠，且有防误触发装置
	6	火灾		做好灭火、防爆等安全防护措施，禁吸烟和出现明火
				油动无人机，加油和放油操作应在良好天气条件下进行，操作人员应使用防静电手套
	7	天气变化	飞行过程中出现危及飞行安全的特殊天气情况	如遇大雨、大风、冰雹等恶劣天气或出现强电磁干扰等情况时，不宜开展作业
				起飞前，应确认现场风速符合现场作业条件
				巡检区域处于狭长地带或大档距、大高差、微气象等特殊区域时，作业人员应根据固定翼无人机的性能及气象情况判断是否开展作业
				特殊或紧急情况下，如需在恶劣气候或环境开展巡检作业时，应针对现场情况和工作条件制定安全措施，履行审批手续后方可执行
	8	误碰输电线路设备	碰撞导致无人机或线路设备损伤	巡检航线任一点应高出巡检线路包络线100m以上

五、作业流程及内容

（一）电子围栏制作

1. 创建电子护栏任务

以大疆无人机为例，利用DJI GS Pro制作的虚拟护栏功能可以在手动农药喷洒、初学者试飞、手动飞行等操作情形中保证飞行器的安全，通过虚拟护栏功能设定一个安全的指定飞行区域，当飞行器在区域内逐渐接近边界位置时，就会减速刹车并悬停，使飞行器不会飞出飞行区域，从而保证飞行安全。

2. 选择定点方式

可通过以下几种方式设置二维地图：合成/虚拟护栏1测绘航拍区域模式的飞行区域顶点，测绘航拍环绕模式的建筑物半径和飞行半径。定点后，所生成的航线中最多包含99个航点。航点数过多将无法执行任务。

（1）地图选点

通过点击屏幕，在地图上直接设定区域顶点、飞行航点或所环绕的建筑物中心。初始在地图上点击所需飞行位置后，将按不同任务类型在该位置生成相应区域或航点。二维地图合成I虚拟护栏/测绘航拍区域模式，对应一个四边形飞行区域；航点飞行，对应一个航点。点击区域顶点或航点可选择该点，点被选中时为蓝色，未被选中时为白色。拖拽点可改变区域形状或航线走向，直接拖拽。可增加点，点击参数设置页面左下角的删除键可删除该点。

（2）飞行器定点（记录高度）

将飞行器飞至所需位置，使用飞行器的位置来设定区域顶点、飞行航点或建筑物半径和飞行半径。

只有在创建航点飞行任务时方可使用此方式设定航点。步骤与飞行器定点相同，但设定航点时将同时，记录飞行器位置和高度信息。执行任务时飞行器将按照所设位置和高度飞行。

3.执行任务

虚拟护栏任务开始后，如果飞行器的经纬度或高度在设定区域外，则飞行器状态栏显示相应提示，并伴随声音提示。此时，飞行器可以任意飞行，虚拟护栏无效，一旦飞行器的经纬度和高度均在设定区域内，虚拟护栏立即生效。当飞行器接近区域边缘时，会减速刹停，并伴随声音提示。

无人机精细化巡检

巡视分为学习模式和巡检模式（如下图所示）。巡检模式通过采集出来的点云经过航线规划后生成的航线，导入自动驾驶软件APP实现自动巡检。

由于杆塔的精细化巡视对巡视人员的操作要求高，为了确保每个巡视人员能够安全操作无人机进行精细化巡视，建议在巡检模式下，由有经验的巡视人员对其航线包进行验证。由于精细巡视对无人机的控制要求高。因此，在使用精细巡视时要使用RTK版无人机。

精细巡视分为手动模式和自动模式。巡检模式是通过航线包来实现的自动飞行，航线包（zip格式）里面有飞行数据，通过里面的数据从而实现自动化飞行。

无人机精细化巡检分类

（1）拷贝线路杆塔坐标数据至手机

航线包zip格式放置路径为内部存储/easyfly/AirLineData/Plan/Zip。

（2）导入航线包数据至应用软件

打开应用软件，点击红色箭头 ⊕ 图标按钮，选择航线。

选择航线

3. 打开后里面就有航线包zip

点击220kV某甲乙线27-30开始解压，建议多点几次解压，因为文件较大可能会压缩失败，把当前页面 ✕ 掉。

解压航线包zip

4. 显示导入成功后

选择 ▇ 再导入。

导入航线包数据

5.线路的位置信息

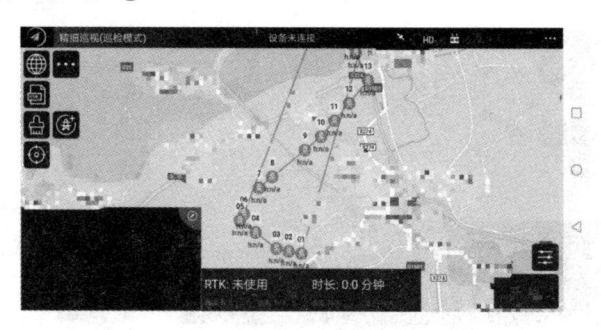

线路位置信息

6.确认位置

确认位置

7.RTK设置路径流程

点击选择 ⋯ 出现通用设置，选择 ✈ 进行RTK设置。

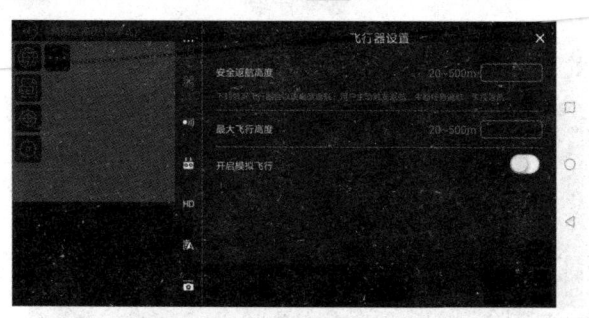

RTK设置

8.添加杆塔

点击图标 🖱 添加杆塔。 🗑 这个图标是清除当前选择的线路，如果清除就只能重新导入。

添加杆塔

9.选择塔杆

选择塔杆的时候要注意航线包名字后面的27-30，就是这个航线包可用数据27-30 ☑ 220kV 甲乙线27-30.kml，选择塔号27-30的塔点击确定（注：可多选）。

选择杆塔

选择蓝色箭头中的 ▶ 可以查看一个三维航线。

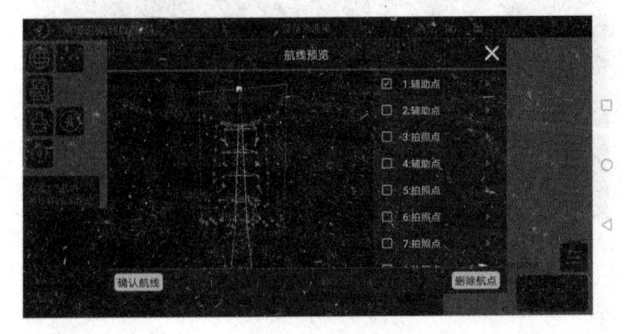

查看三维航线

然后，选择确认航线。（不要删除航线，删除了就不要确认航线可以❌），先选择杆号，然后确定。

10.选择塔号

选择塔号 [塔号] 确定。

选择塔号

11.设置参数

（1）选择 ☰ 进入当前页面

选择飞行策略时，效率优先和安全优先。

①效率优先：飞行航线是无人机飞行完成一基塔后直线飞行到第二基塔上（选择2基塔的情况下）返航也是选择直线。

②安全优先：飞行航线是无人机飞行完成一基塔后沿着当前线路的导线上飞行到下一基塔（注：环境复杂下使用）。

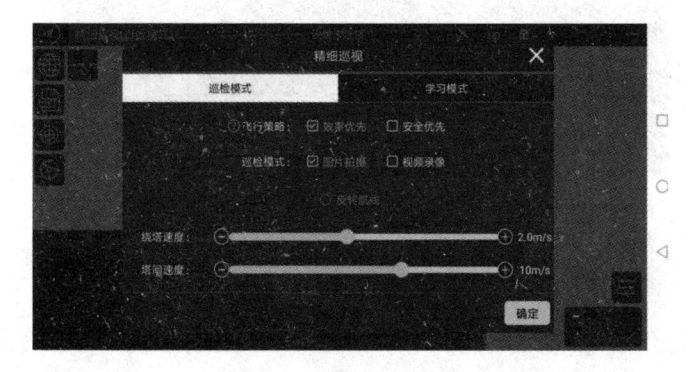

进入参数设置界面

（2）选择、设置航高

先选择航高，然后设置航高（注：可在里面选择任务进塔航高和出塔行高 自定义航高 ）。

设置航高

（3）绕塔速度的选择

选择绕塔速度（注：绕塔速度是任务航线对塔进行拍摄的速度）。

（4）塔间速度的选择

选择塔间速度（注：塔间速度是飞行到塔正上方的速度和返航途中的速度，可不选）。

设置塔间速度

12. 飞行

①点击开始 开始 滑动起飞（注：下图没连接飞机所以这个开始是不能点击的）。

②滑动起飞：里面会有一个自动检测，检测飞行是否安全等。

③自检通过后就可以滑动起飞。

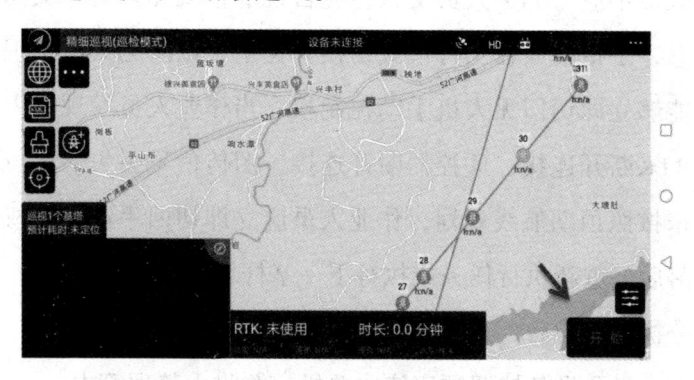

点击开始界面

（二）操作流程分解

①检查无人机等设备外观、是否有损坏现象，如有损坏应更换设备。

②组装无人机，检查电量信息，将组装完毕的无人机移动至起飞点，并检查起飞点正上方是否有障碍物。

③将无人机与遥控器开机，待无人机与遥控器连接成功后，检查遥控器设置信息，确认避障功能已关闭，检查遥控器操控模式。确认无人机当前电量信息、卫星颗数、有无SD卡、天气情况等信息，连接RTK，等待RTK连接成功，操控界面显示"起飞已准备就绪（RTK）"。

④导入已规划完毕（或已提前进行任务录制）的航线，带屏幕显示导入成功后，应能够遥控器界面显示线路位置信息。

⑤选择即将执行任务目标杆塔的航线，并查看航线，确认为目标杆塔的航线。

⑥设置任务参数，巡检速度、起飞点高度、最大飞行速度、塔间速度等信息。

⑦参数设置完毕后，再次确认无人机当前RTK状态，无人机是否具备起飞条件。

⑧点击"开始"按钮，无人机即开始执行目标杆塔任务。飞行过程中，作业人员不应与无关人员交谈，应目视屏幕或无人机，关注无人机当前位置信息，手指应放在飞行模式切换开关上，以防无人机出现突发状况作业人员能够立即切回无人机手动控制权。当作业人员发现无人机因突发因素（如RTK断开连接，遥控器断开连接，图传信号丢失，定位误差）导致无人机未按照预期航线规划，作业人员应立即切回手动控制权，待无人机安全降落后，重新执行任务或执行下一基杆塔任务。

⑨任务执行完毕后，无人机会自动降落至起飞点。

⑩将无人机及设备按照顺序依次关机，并收入整理箱中。

第七章 相关技能培训

项目一　班组管理

班组是企业组织生产经营活动的基本作业单位,是培养员工队伍、提高员工业务素质的基本阵地,增强企业活力的源泉在于提高企业员工的积极性。因此,搞好班组管理,对提高企业管理水平具有十分重要的意义。

一、班组管理概述

在企业中,从纵向结构上可划分为三个管理层次,即公司管理、部门管理、班组管理。公司层(董事长)负责企业战略的制定及重大决策。部门层(中层),指各职能部门经理、科长、车间主任等,负责层层组织和协调员工们完成各项部门目标。班组层(基层)指最基层的管理者,如工段长、队长、领班,更多的是班组长。

班组特指公司所属各单位的部门、县供电企业或工区、车间、中心等,按工作需要和相关要求设置的班组。班组是企业组织生产经营活动的基本单位,是企业最基层的生产管理组织。

(一)班组制度建设和管理

班组规章制度是针对班组生产活动和管理活动所制定的各种规章、办法、程序和细则的总称。这些活动涉及劳动组织和计划、生产流程控制、技术工艺规范、产品质量保证、安全生产与劳动保护、绩效管理与考核、员工行为激励和人际沟通协调等班组运行的各个方面。班组规章制度是对班组成员工作行为的规范和约束，它明确规定了班组成员在各个工作岗位上、各种生产情况下和各类运行过程中应该做什么，应该怎样做，应该做到什么程度，以及不这样做将产生的后果。

1.班组规章制度的建立

①班组制定规章制度的基本原则应遵循：合法性原则、民主性原则、可操作原则、简明性原则、正激励原则、严肃性原则。

②根据班组工作特点和管理实际，做好制度框架的总体设计，制度项目多少和篇幅长短以符合需要为宜，以有利于班组建设和管理为度。

③充分做好前期调查工作，合理安排起草执笔人员，注重制度文本第一稿的质量，提高工作效率，降低管理成本。

④制度编制工作负责人要把握制度文本的总体构思和风格，注意总体和分项的衔接，优化班组规章制度体系。

⑤班组规章制度应具有一定的前瞻性，既要符合现阶段工作的要求，又要在一定程度上适应今后工作改善或任务量增加的需要。

当班组工作职责发生较大变化、工作流程需要作实质性改变时，规章制度应随之进行相应的修订。

2.班组规章制度的实施和管理

班组规章制度的实施中要重视规章制度的运行程序。应做到制度建立过程要规范，制度公示程序要到位，制度执行措施要得力。

规章制度执行中要注意树立和维护规章制度的权威，千万不要让员工形成制度只是一种摆设、一种形式的错觉。要维护规章制度的权威性，要人人平等，使其产生"炉火效应"。班组规章制度是一个需要管理和维护的"软件"体系，光靠班组长一个人是不够的。可以由班组长牵头，其他人分别负责对应领域规章制度的相关工作，实现对班组规章制度的群策群力、全员遵守和共同维护。

（二）班组标准化工作

班组标准化工作的核心内容是通过制定若干操作细则，贯彻实施行业、企业的技术和管理标准，实现作业标准化，提高工作质量和工作效率。其标准化工作的基本要求是实现班组日常工作的标准化。

作业标准化的主要目的是：储备技术、提高效率、防止事故再发、对一线员工进行教育训练。

班组日常工作标准化是以贯彻和制定各项标准为主要内容，使班组工作形成制度化、程序化、科学化的活动过程。企业标准需要通过班组进行贯彻，因此班组日常工作标准化是企业标准化工作的重要基础。主要包括：日工作标准化、周工作标准化、月工作标准化、原始记录台账标准化、作业工序标准化。

（三）班组民主管理

班组民主管理是指所有班组成员根据企业的要求和规章，运用民主的原则、制度和方法，参与班组各项管理工作。班组民主管理的意义主要体现在：班组民主管理是企业民主管理的基础。班组民主管理是员工参与企业管理的有效途径。班组民主管理是电网企业"四化"管理的必要条件。

班组民主管理的基本内容包括：

①贯彻落实上级组织关于民主管理的规章制度和企业职代会的有关决议。

②定期听取并审议班组长的工作汇报，学习上级有关文件或指示精神，重点讨论研究班组目标管理、生产作业计划和阶段性（年度、月度等）工作计划。

③讨论班组生产技术、安全和质量管理关键问题，开展技术革新和合理化建议活动。

④评议班组长的工作，根据上级部署选举班组长、员工代表等。

⑤评选推荐本班组劳动模范和受上级表彰的各类先进个人。

⑥讨论或审议本班组的责任制方案、奖金分配方案等，并就班组成员晋级、奖惩等重大事项提出建议。

（四）班组人员管理

现代企业管理是人本管理，强调对员工的人格尊重、权益维护和合理需求的满足，基层班组的管理更应如此。班组的一切管理工作从本质上来说都是为了整合班组人力资源，激发员工的积极性、主动性和创造性。班组人员管理主要涉及管"身"和管"心"两个方面，所谓管"身"就是班组人员的配备、调配使用和劳动纪律管理；所谓管"心"则是班组人员的思想政治工作、心态与士气管理、沟通协调等内容。

班组人员配备，是指根据班组经常变化的作业需要，为不同的工作任务配备相应工种和等级的员工，做到效率高、负荷满、人尽其才、人事相宜，保证班组工作任务的顺利完成和劳动生产率的逐步提高。至于班组的定额、定岗、定编、定员以及岗位与人员的配置等工作，则主要是在公司人力资源部门主导下进行的，班组只需要提供基础资料与信息，一定程度上起参与和辅助作用。

班组人员的配备，一是要有利于调动每个员工的积极性，充分发挥他们的专业优势和个人特长，尽量使每个员工做喜欢干或擅长干的工作；二是要保证每个员工岗位工作量较为饱满，对于因班组生产和工作情况变化而导致工作量过多和不饱满的员工，班组长应及时做出相应调整；三是赋予每个员工明确的工作责任，包括对工作任务的数量、质量、完成时间等方面的明确规定。

班组人员使用的目标是最大限度地激发员工活力、战斗力和创造力，做到人尽其才，才适其位。班组长在劳动力使用过程中，应妥善安排好员工的工作轮班，并对不同的班组成员采用不同的使用策略。

（五）班组绩效管理

基层班组是绩效系统的操作层，其绩效管理过程也应该突出基层、具体和可操作性等特点。

1.确定班组绩效目标和制定班组绩效计划

确定班组绩效目标。通过对本班组工作特点、上级部门分解下达给本班组的绩效指标和工作任务进行深入分析，形成本班组的年度绩效目标和各项考核指标，使班组全体成员充分理解班组目标的内容、考核指标的意义，形成每个员工充分融入班组集体，提高员工分担绩效目标分解任务的积极性和为实现班组绩效目标而共同奋斗的责任感和使命感。

制定班组绩效计划。一般分年度绩效计划和月度绩效计划两种。年度绩效计划应在年度工作计划框架下制定，突出上级部门对本班组绩效指标的分解内容，将其落实到人、落实到季度和月度；月度绩效计划可以与月度工作计划合二为一，将月度重要工作和日常工作分项列出，并列明工作内容、工作目标、完成时间、考核标准、责任人（负责人或执行人）、考评人等。

2.制定班组成员的个人绩效计划

制定个人绩效计划应该是班组长与员工个人共同参与的过程、有效沟通的过程、辅导与学习的过程。班组长可以指导和协助员工制定绩效计划，即帮助员工弄清楚任务和指标是什么（What）、工作由谁负责谁参与谁协助（Who）、工作何时完成（When）、工作地点情况和要求程度（Where）、怎样做好工作（How），同时通过上述问题也使员工对工作目标达到更深入的理解。

员工个人绩效计划应该包括的要素是：被评估者（员工）信息、评估者信息、关键职责、指标值的设定（对关键绩效指标可设定目标值和挑战值）、各指标权重、绩效评估周期、能力发展计划等。

3.实施绩效辅导和监控

绩效辅导需要抓好以下几个方面：以争先创优、创建文明班组和学习型班组为动力，组建高绩效团队，营造全员追求高绩效的积极氛围；有效地协调、调配各种资源，为员工创造高绩效提供支持，使每个员工无后顾之忧；尽可能实施密度较高的阶段性检查和及时反馈，不应等到绩效考核期到来时一次算总账；随时注意发现员工思想波动或工作方法不当等问题，通过工作辅导实现有效的思想工作和监督纠偏；对员工工作过程中的好方法、好经验、"金点子"等，及时提出表扬、加以推广，以积累经验、储备人才。

4.实施客观公正的绩效考核

绩效考核是通过系统科学的方法，对员工在一个绩效考核期内的工作绩效进行测量和评定，得出客观公正的评价结果，并给出反馈和帮助员工提出改进计划的过程。它是整个绩效管理过程中的一个重要环节。

5.绩效考核的反馈面谈

掌握绩效面谈技巧。班组长要注意选择适当的面谈场所、围绕主题进行谈话、以事实和数据说明绩效考核结果、对事不对人，分析导致员工绩效结果的行为和事件，帮助员工找原因、获得员工对绩效结果的认可。

二、班组安全管理

安全生产非一朝一夕，需要警钟长鸣，因此班组长必须认真抓好日常安全管理工作。

（一）班组日常安全管理

进行班组日常安全管理，可以从以下几个方面开展：

1.关注现场作业环境

环境是在意外事故的发生中非常重要因素，通常工作环境脏乱、工厂布置不合理、搬运工具不合理、采光与照明差、工作场所危险都易发生事故。所以，班组长在安全防范中应关注作业环境，整理、整顿生产现场。

2.关注员工的工作状态

班组长在工作过程中，需要关注员工是否存在身心疲劳现象。员工身体状况不好或因超时作业而引起身心疲劳，会导致员工在工作上无法集中注意力。

员工在追求高效率作业时，也要适时地根据自己的身体状况作出相应调整，不能在企业安排休养期间做过于刺激的娱乐活动，这样不但浪费了休息时间，还会降低工作效率。

3.督导员工严格执行安全操作规程

安全操作规程是前人在生产实践中，摸索甚至是用鲜血换来的经验教训，集中反映了生产的客观规律。

（1）精力高度集中

人的操作动作不仅要通过大脑的思考，还要受心理状态的支配。如果心理状态不正常，注意力就无法高度集中，在操作过程中易发生因操作方法不当而引发事故的情况。

（2）规范操作

要确保安全操作，就必须做到规范操作，做到清楚任务要求，及时检查设备及其防护装置是否存在异常。

（3）异常处理

操作中出现异常情况也属正常现象，切记不可过分紧张和急躁，一定要保持冷静并善于及时处理，以免酿成操作差错而产生事故；杜绝麻痹、侥幸心理、对不安全因素视若无物，从小事做起，从自身做起，把安全放在首位。

4.监督员工严格遵守作业标准

经验证明，违章操作是绝大多数的安全事故发生不可忽视的一面。因此，为了避免发生安全事故，就要求员工必须严格认真遵守标准。在操作标准的制定过程中，充分考虑影响安全方面的因素，违章操作很可能导致安全事故的发生。

对于班组长而言，要现场指导、跟踪确认。该做什么？怎样去做？重点在哪？班组长应该对员工传授到位，不仅要教会，还要跟进确认一段时间，检查员工是否已经真正掌握操作标准，成绩稳定与否，绝不能只是口头交代。

5.监督员工穿戴劳保用品

作为班组长，一定要熟悉在何种条件下使用何种劳保用品，同时也要了解掌握各种劳保用品的用途。如果员工不遵守规定穿戴劳保用品，可以向其讲解公司的规定章程，也可向他们解释穿戴劳保用品的好处和不穿戴劳保用品的危害。

6.检查生产现场是否存在不安全状态

班组长在现场巡查时，要检查生产现场是否存在不安全状态，主要包括以下几个方面：检查设备的安全防护装置是否良好；检查设备、设施、工具、附件是否有缺陷；检查易燃、易爆物品和剧毒物品的储存、运输、发放和使用情况，是否严格执行了制度，通风、照明、防火等是否符合安全要求；检查生产作业场所和施工现场有哪些不安全因素。

7.检查员工是否存在不安全操作

班组长在现场巡查时，要检查在生产过程中员工是否存在不安全行为和不安全的操作，主要包括以下几个方面：检查有无忽视安全技术操作规程的现象；检查有无违反劳动纪律的现象；检查日常生产中有无误操作、误处理的现象。

（二）安全教育培训

1. 安全思想教育

安全思想教育是安全教育的关键要素，人是有思想的，思想决定人的行为，思想又受到客观条件的影响，客观条件发生变化，人的思想也会随着变化，这就造成了人的思想在一定条件下的波动，这种思想波动就会影响到人行为的安全度，即会影响到规章制度的严格执行。从班组员工发生的事故原因分析，也证实了班组员工安全思想的波动是导致事故发生的重要因素。

2. 安全纪律教育

企业的纪律是用来规范每个员工的生产行为，是保证企业安全生产的基本条件。为保证电网、设备和人身的安全，企业制定了相应的规章制度，这些制度是电力行业事故教训的总结，只有企业每一个员工认真执行安全纪律、劳动纪律，才能保证企业的安全生产和营销服务的正常秩序。事实证明，纪律松弛是安全生产的最大隐患，遵章守纪是确保安全生产，减少事故的根本。企业的纪律，一般有安全纪律、治安纪律、劳动纪律、生产纪律、工作纪律、组织纪律、生活纪律等等，班组应结合工作实际有针对性地进行安全纪律教育，对违纪行为，按照有关规定进行批评和考核。

3. 班组新员工安全教育

对班组新员工的安全教育，应从本班组的概况、工作性质、作业环境、危险区域、设备状况、安全设施、消防设施等入手讲解本专业安全工作规程、岗位职责、安全生产责任制、安全目标，对工作中的危险作业地点进行分析，提出安全注意事项。

对班组新员工讲解正确使用防护用品，提出安全文明生产的具体要求。发挥富有经验的班组老员工对班组新员工进行安全作业示范教育，签订师徒合同，为班组新员工讲解安全操作要领，用实例现场讲解不遵守操作带来的事故和异常，对事故和异常进行剖析，对制定的防范措施进行深入细致的讲解，让安全理念在班组新员工中入脑入心，使他们牢固树立遵章意识。

4."调岗"员工安全教育

"调岗"是指班组变动工种的人员，需进行车间、班组二级安全教育，应由车间、班组进行相应工种的安全教育。安全教育内容可参照班组新员工的安全教育内容进行。对于工种变动较大者，必须经考核合格后方可上岗。对于特种作业者，必须经考核合格取得操作证方可上岗。

5.对外来人员的安全教育

班组不能将工作任务直接转包出去。当班组工作力量不足且工作专业性非常强，班组现有的力量无法完成时，班组可提出申请，经上级批准后方可由管理部门聘请外来人员协助工作，对外来人员的安全教育，除了车间要进行安全教育外，为提高外来人员搞好安全生产工作的责任感和自觉性，防止人身和设备事故的发生，班组需针对性地进行安全教育，明确所做工作的质量要求、工作内容、工作范围、工作特点、作业环境、危险区域和安全注意事项。

6.现场安全教育

现场安全教育主要是通过工作班前布置工作，召开开工会讲安全。工作中查安全，工作结束后，召开收工会，总结评价本班工作安全情况，对班组员工进行现场安全教育。

7.复工安全教育

复工安全教育，主要是针对离开工作岗位较长时间的员工进行的安全教育，一般是指工伤休工超过规定时间，病假、事假、产假等各种假期离开岗位超3个月者，在复工上岗前进行的安全教育。安全教育内容包括：学习本工种安全工作规程有关章节，熟悉电气设备的性能和安全防护装置，练习实际操作，熟悉在休工期间电气设备及工作场所的变更情况。

对于复工员工安全水平下降较大者，必须经安全规程考核合格后方可上岗。

（三）安全活动管理

班组安全活动包括班前会、班后会、安全日活动、定期例会等。

班前会上交代上一班的工作进度和安全情况、本班的工作任务及安全注意事项，落实安全防护措施。

班后会首先总结本班次生产任务完成及安全生产情况，对作业的原始记录和工作票、操作票一一核对；其次对存在的问题及需要改进的事项进行记录，以便今后改进。

安全日活动一般每周或每个轮值进行一次，活动内容应围绕安全工作，分析总结近期班组安全生产情况，学习上级有关安全生产方面的文件、事故通报等，同时有针对性地组织学习安规及企业和班组的安全管理规章制度等，应做好记录。部门（工区）领导应参加班组安全日活动并检查活动情况。

此外，班组还可定期召开安全分析例会，如周例会、月度例会等，主要内容是分析总结本班组近期出现的违章和事故情况，并交代下一阶段的工作任务以及安全生产的重点。班组例会可安排与班组安全日活动同时举行，也可根据企业的安排另外举行。班组安全活动实际上是安全教育的一种形式，班组成员可以通过这些活动强化其遵守安全规程的自觉意识。

三、班组质量管理

电网企业班组质量管理的中心任务包括：在生产运行、维护检修、营销服务等工作中，通过服务质量、工作质量和工序质量的不断提高，实现向广大用户提供优质电能产品的目的。

电网企业班组质量管理的主要任务包括以下几项：建立质量管理责任

制度，贯彻执行质量标准，加强过程管理，开展各种质量管理活动。

电网企业班组质量管理的意义在于促进企业经济效益提高，促进企业可持续发展，促进企业科技和管理水平提升。

电网企业班组质量管理的基本要求是牢固树立质量意识，牢固树立零缺陷意识，牢固树立以职业道德为先导的意识，牢固树立团队学习和团队合作意识，牢固树立工作纪律和标准化作业意识，牢固树立事故分析和问题解决意识。

（一）电网企业组质量管理的内容

电网企业的产品质量体现在向用户持续、稳定地供应优质电能产品。电网企业班组所从事的一切工作，都应服务于这个质量管理目标。电网企业班组质量管理的主要内容包括基础质量管理、现场质量管理和精细化管理等。

1. 基础质量管理

基础质量管理包括五个方面：质量教育、质量责任制度、标准化工作、计量工作、质量信息管理工作。

2. 现场质量管理

现场质量管理主要包含六个方面：人员管理、设备管理、物料管理、作业方法和工艺纪律管理、工作环境管理、"三分析"与"四不放过"。

3. 精细化管理

精细化管理是建立在全面质量管理基础上的一种管理理念，其核心是对现有的标准化流程进行系统化和细化，以标准化和数据化的手段实现精确管理，力求生产过程的高效、节约，以达到效益最大化。班组的精细化管理实际上是实现基础质量管理和现场质量管理的具体方法。

（二）电网企业班组质量管理的基本方法

企业质量管理的目的是质量改进。当前世界上经多年实践验证为行之有效的质量改进的基本工作方法是PDCA循环、新老七种工具、头脑风暴法，以及群众性的质量管理小组（QC小组）等。

1.PDCA循环

PDCA循环是企业进行全面质量管理的基本方法，是计划（Plan）、实施（Do）、检查（Check）、处理（Action）的简称。

PDCA循环过程是企业在认识问题和解决问题中使产品质量和管理水平不断呈阶梯状上升的过程。每一个PDCA循环可概括为四个阶段、八个步骤。

质量改进八个步骤：现状调查、原因分析、确定主要原因、制定对策、实施对策、检查效果、制定巩固措施、遗留问题和下步打算。

2.QC小组

QC小组即质量管理小组，是指在生产或工作岗位上从事各种劳动的职工，围绕企业的方针目标和现场存在的问题，以改进质量、降低消耗、提高经济效益和人的素质为目的组织起来，运用质量管理的理论和方法开展活动的群众组织。

QC小组是企业中群众性质量管理活动的一种有效的组织形式，是员工参加企业民主管理的经验同现代科学管理方法相结合的产物。

QC小组活动的意义在于可以提高员工素质，充分调动员工的积极性，发挥员工的主观能动性和创造性；发挥非正式组织的力量，为企业目标的实现做出贡献；改善人际关系，增强团队合作精神；改进质量，降低消耗，提高经济效益。

QC小组的组建包括自下而上的组建程序、自上而下的组建程序、上下结合的组建程序。

QC小组组建以后，经小组所在单位报企业QC小组主管部门进行注册编号，以利企业对小组活动的日常管理和帮助指导。

根据工作性质和内容的不同，QC小组大致可以分为问题解决型（在原有基础上改进型）和创新型课题（原来没有的创造型）两大类，问题解决型分为现场型、攻关型、管理型、服务型四种类型。

QC小组活动程序包括选题、调查现状、确定目标值、分析原因、要因确认、制定措施、实施措施、检查效果、制定巩固措施、分析遗留问题、总结成果资料。

四、班组生产管理

（一）班组生产管理的任务与内容

电网企业的一线生产班组一般分为运行、检修和用电营销等类别。不同类别的生产班组其具体生产作业性质、承担的生产任务虽有所不同，但作为一线生产班组，其生产管理的任务或目的却是一致的，即主要由安全、优质、高效三大部分组成。

班组生产管理的内容将围绕着如何更好地完成安全、优质、高效的生产管任务来展开。根据这些任务要求，对应生产从开始到结束整个过程中的关键节点，电网企业班组生产管理的内容主要有：生产计划管理、生产组织管理、生产技术管理、生产设备工具管理、生产现场作业管理、生产的总结和改善。

（二）班组生产技术准备工作的主要内容

班组生产技术准备工作的主要内容有：明确具体的生产任务及技术要求；根据任务及要求划分生产作业范围；根据任务及要求落实对设备和工具的数量、技术参数等方面的要求；根据任务及要求准备相关的图纸及技术资料；根据任务及要求准备技术应急预案。

（三）班组生产组织准备工作的主要内容

班组生产组织准备工作的主要内容有：明确具体的生产任务及技术要求；根据任务及要求划分生产作业范围；根据任务的技术要求确定参与人

员技术水平的最低要求；根据任务的时间要求确定参与人员的数量；根据任务及要求确定重要成员及其职责和其他参与人员职责。

（四）班组生产组织准备中需要考虑的一些因素

有时根据班组的实际情况，在进行某次具体生产任务的组织准备时，还应在较长的时间段上考虑其他一些因素，主要包括：

1. 计划衔接因素

本次生产作业应该是某段时间生产计划的一部分，因此，在进行本次生产作业的组织准备时，应该考虑它与后续计划的衔接。在考虑计划衔接因素时，一般遵循下述原则：突出生产作业的重要性、突出与其他作业内容的相关性、张弛有度。

2. 员工培训（职业规划因素）

一个有远见的管理者，不仅会在班组生产组织准备中考虑本次作业的完成效果，还会考虑如何通过更长一段时间中的一系列安排，使部分班组员工获得主动或被动的成长机会。

3. 人性化因素

在进行班组生产组织准备工作时，就被管理者个体而言，不仅考虑其能力、时间等与作业直接相关的因素，还要考虑被管理者当时及一段时间内心理、生活环境等因素及这些因素变化对其安排的影响。

五、班组技术管理

（一）班组技术管理的任务

班组技术管理是一线班组按照作业规程、技术和工艺流程标准，围绕生产工作过程而开展的技术支持和监控活动，是班组生产管理的组成部分，是安全、优质、高效完成生产管理任务的重要环节之一。可以用一句话来描述班组技术管理的任务：为安全、优质、高效地完成班组生产任务提供技术保证。我们可以将这个任务分解成如下两个方面。

1.梳理技术文本条目

梳理技术文本条目成为班组技术管理的任务之一，主要是基于下述理由：

（1）不进行梳理将使技术文本处于混乱状态

由于电力生产过程具有同时性、瞬时性、广适性、集中性和先行性等五大特点，电网企业是技术密集型企业，电网企业班组技术文本的数量和类型往往要多于一般企业的班组。这些技术文本的取得在时间上是随机的，技术文本的淘汰也是随机的，再加上其数量和类型较多，因此随着时间的推移，不进行梳理将会使技术文本处于混乱状态。

（2）处于混乱状态的技术文本将难以得到准确、迅速的使用

班组的技术文本需要在生产的各个环节中使用，使用的第一个要求是准确，第二个要求就是迅速。显然，当较多数量和类型的技术文本处于混乱状态的时候，使用的准确性和快捷性便会降低。

从表面上看，梳理技术文本条目似乎不是一项技术工作。但实际上，如何进行技术文本条目的梳理，或者说梳理成什么样的技术条目，既反映了梳理者对技术文本内容的理解程度，又反映了梳理者对技术文本在本班组生产过程中该如何应用和把握，其技术要求是很高的。

2.提高人员技术水平

为了给安全、优质、高效地完成班组生产任务提供技术保证，只有技术文本是不够的，更重要的是有掌握技术的人。因此，提高人员技术水平是班组技术管理任务的另一个方面，而且是更重要的一个方面。

（二）班组技术管理的内容

班组技术管理的内容将围绕着如何更好地完成上述两个方面的技术管理任务来展开。根据这些任务要求，结合不同类别班组的共同特点，电网

企业班组技术管理的内容主要有以下方面：

1. 建规建制

建规建制的工作主要是针对"梳理技术文本条目"这一项任务的。其要点是建立班组在生产过程中应该遵守的技术规范和相关技术管理制度，包括这些规范和制度的收集、整理和制定，并且按一定的分类方式进行存放等工作。当班组建立起了完善的、适用于本班组的技术规范和相关技术管理制度时，就能为班组完成生产任务提供一定的技术保证，因为它划定了班组技术的方向、范围及实施时应遵守的规则。

2. 建立健全技术台账

这项工作也是针对"梳理技术文本条目"这一项任务的。如果说建规建制是构建技术文本的大框架的话，那么建立健全技术台账则是雕琢技术文本的细节。不同班组和工种所采用的技术从细节上讲是不同的，因此，所对应的技术台账的内容也就有所区别，台账的形式也会不一样。

3. 技术培训

技术培训工作主要是针对"提高人员技术水平"这一项任务的，其主要目的是使班组成员更好、更快地掌握在生产中使用的成熟技术。技术培训主要分理论培训和实操培训两个部分，理论培训多采用技术讲座、技术问题分析与讨论及自学等形式，重点是理解技术原理。实操培训分模拟操作和实际操作两种，重点是掌握技术应用的方法。模拟操作培训多采用1带多的方式，实际操作培训多采用一带一（师带徒）的方式。

4. 新技术、新设备、新工艺的推广

这项工作将涉及"梳理技术文本条目"和"提高人员技术水平"这两个方面。

要对出现的与本班组生产技术有关的新技术、新设备、新工艺的文本资料进行收集、整理、分析和归纳，这属于"梳理技术文本条目"的任务。当准备把这些新技术、新设备、新工艺应用到本班组的生产过程中时，还需要对相关人员进行技术培训，使他们能够掌握这些新技术、新设备、新工艺，并成功地应用于生产过程中，而这又属于"提高人员技术水平"的任务。如果能够做好这两个方面的工作，就能够使这些新技术、新设备、新工艺在班组得到顺利的推广，从而为班组生产任务的安全、优质、高效地完成提供技术保证。

5.设备的技术管理

设备的技术管理是班组技术管理的重要工作，这项工作将涉及"梳理技术文本条目"和"提高人员技术水平"两个方面。

项目二　技艺传授

一、班组现场培训

（一）班组现场培训的概念及作用

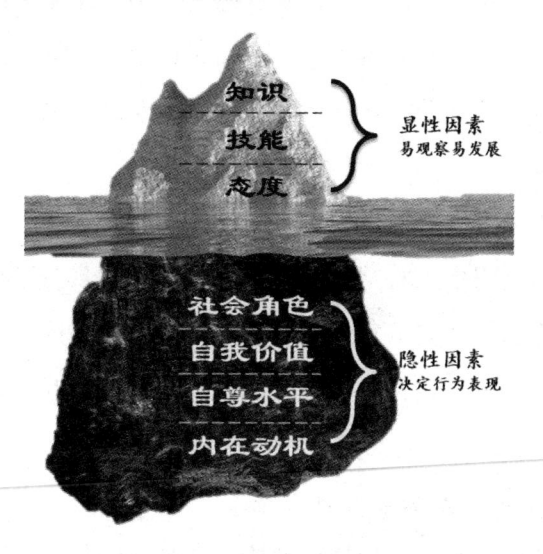

"冰山模型"示意图

班组现场培训是为达到某一种或某一类特定工作或任务所需要的熟练程度，以班组为单位按计划传授所需的有关知识、技能和态度的训练。这种训练通常是短期的、以掌握某种或某些专门的知识和技巧为目的。根据美国心理学家麦克利兰的成就动机理论，通过"冰山模型"可将个人素质分解为：知识（Knowledge）、技能（Skill）、态度（Attitude）、社会角色（Social role）、自我价值（Self-worth）、自尊水平（Self-esteem level）、内在动机（Intrinsic motivation）。受关键绩效指标（KPI）等因素影响，培训通常主要关注员工的知识、技能、态度的培养，此三项因素位于"海面"以上，属于描述员工行为和绩效的显性因素，简称KSA。也就是说，培训主要发挥传播知识、传承技能、端正态度的作用。

（二）班组现场培训的组织流程

1.班组现场培训的模式及特点

班组现场培训采取"情境—挑战—活动—反馈—分享"的模式，由培训组织者或班组长担任培训师，班组成员为学员。情境帮助学员建立与工作任务的链接；挑战帮助学员认知和感受行为与结果之间的联系；活动帮助学员感受到胜任，提升价值感；反馈帮助学员认知不同行为带来的影响；分享帮助学员从感受、认知、收获等方面总结评估，以支持自主的方式评价学员行为。

该模式从实际工作情境出发，将场景与问题、任务、行动、评价相互关联，融入培训过程中，将"冰山模型"中显性因素与隐性因素相融合，在传播知识、传承技能、端正态度的同时，注重学员的体验和感受，提升其价值感和自尊水平，培育自主学习能力，为学员自我激励、提升内在动力创造了条件，能够促进行为绩效和内在素质的双向改善。

2.班组现场培训各环节设计要点

"情境"是指任务发生的情形和境况，是任务的开展载体，包括人物角色、任务场合及环境、设备设施状态、相关技术条件等。情境应根据实际工作场景进行归纳提炼，明确情境是实现学以致用的前提。学员在执行任务前，应能够清晰描述情境。脱离情境谈任务，学员将无法理解任务的意义以及实施原因。

"挑战"是面临当前情境采取行动后应达成的目标，是任务的具体内容，包括任务目标、内容描述、行为要求等。挑战的主要目的是鼓励学员积极采取正确行动，重新审视情境并充分考虑不同行为的不同结果。必要时可以附加信息使挑战更有意义。比如，可以选取当前任务情境下的典型案例或历史数据，以"痛点"引起学员关注，激发参与度，激励主动性，维系获得感，加速知识技能的内化。

"活动"是任务的实施过程，包括任务准备、方式方法、任务实施等。为获得最佳学习效果，应根据资源状况选取和搭配适当的培训方式帮助学员完成任务。如果培养学员执行某项任务的能力，就要在学习的同时执行该项任务，活动实施与任务执行是一体的。以技能类任务为例，活动可以设计为：预习、交底、演示、模拟、实战。第一步预习，采用"O2O+翻转课堂"的方式，学员通过线上平台等多媒体预先学习统一推送的任务资料并完成必要的学情测试。第二步交底，按要求完成任务前期准备工作，代入任务情境，在任务展开前统一收听关于任务内容、行为要点和注意事项的讲解，并履行责任手续。第三步演示，学员观摩任务实施全过程的标准化工作流程演示，就细节和要点互动答疑；第四步模拟，学员按流程和评价标准开展模拟操作，在模拟过程中要复述行为要点和注意事项，学员可相互观摩点评，模拟操作可根据学员学习进度分组开展多轮；第五步实战，学员模拟操作经评估达标，参与实际操作任务，全过程监控并记录学员行为，经验收评估，完成任务执行，学员对照任务过程记录消缺，学员任务执行有关资料上传至线上平台存档。

"反馈"是活动过程中各种行为对任务带来的影响，主要包括结果反馈和判断反馈。结果反馈是对活动中执行或不执行某项行为所产生后果的表述，行为是否执行或是否到位会产生不同后果，认识各种行为的后果有助于让学员更深入地理解行为的原因和意义。判断反馈是对活动中执行或不执行某项行为是否正确的表述，可以明确列出有关规程规定关于行为的描述和示例，作为佐证判断的依据和支撑材料。反馈可以视为任务执行的评价标准，穿插在活动过程中进行，必要时可以延长反馈周期，支持学员就其行为交流心得与观点,以促进学员养成独立思考能力和责任意识。

"分享"是组织学员就活动过程谈感受、谈体会、谈意见、谈收获,通过相互分享促进思考,查补缺项和短板;评估是在完成互动教学后对各个环节回顾、审视和调整,评价效果、提出改进,不仅形成互动教学的闭环管理,而且为进一步迭代、完善和优化形成意见和导向。

(三)班组现场培训的案例分析

在电力生产工作中,登杆作业是输配电运行及检修人员的常用技能,然而正确开展登杆作业,不仅要掌握登杆技能,还要在安全工作规程和制度的框架内实施。如果脱离安全制度的框架,仅仅针对如何登杆开展培训,学员无法正确体验和认知标准化工作流程,无法将所学技能与生产实际建立关联,既无法形成价值感,也无法培养安全生产的职业素养,甚至埋下习惯性违章的安全隐患。以10kV架空线路登杆作业标准化工作流程培训为例,分析班组现场培训的组织细节。

1. "情境"环节

为了帮助学员建立与真实工作场景的链接,任务场合选取与生产实际一致的训练环境;根据安全生产相关制度及规程,培训师、学员转化角色为工作负责人、专责监护人、工作班成员,与实际工作情境中的角色一致;情形条件为在开展此项工作之前要预先完成的工作或达成的条件。

2. "挑战"环节

从结果与过程两个层面具体交代本次作业的所要完成的工作内容,一是从任务目标层面分析任务的全部内容;二是从行为要求层面明确在执行任务的过程中的行动框架,需要遵守的何种规程规定及管理要求。挑战是通过明确工作任务所需的胜任能力,向学员传递完成任务的价值和意义。

3. "活动"环节

在学习的同时执行该项任务,按照生产一线实际工作的开展方式策划,最大程度提供标准化工作流程的体验。整体分为六步:一是作业前准备,包括安全教育和工器具及材料准备;二是班前会,包括办理工作票和落实安全措施;三是操作示范;四是操作训练;五是操作评估;六是班后会。在活动中,学员进入工作班成员的角色,在工作负责人和专责监护人指导下,完整体验标准化工作流程,分组训练登杆作业技能,在获得技能的同时,深化了对生产一线作业情境和方式的认知,为学员形成内在动力、实现自我激励创造条件和载体。

4."反馈"环节

为依次递进的三部分:行为、结果、判断。一是列举活动过程中学员的各种行为,二是明确每种行为所产生的结果,三是评价每种行为是否正确。对同一行为,从结果和判断作出两方面反馈,结果反馈着重说明是否违章或有何风险,判断反馈着重说明是否正确,并引述相关规程规定作为对标准做法的说明和佐证。反馈构成了该互动教学模式的闭环,是确保活动顺利开展的保障。

5."分享"环节

设置在班后会的会中或会后,围绕"挑战"中任务目标是否达成,行为要求是否到位展开,学员阐述通过执行工作任务对标准化工作流程和安全工作规程有了哪些理解和思考,提出操作过程中的疑惑和问题。培训师主持分享、组织讨论并注重收集问题和答疑。

综上所述,10kV架空线路登杆作业班组现场培训设计如表所示,其中"反馈"部分列举了5种行为并进行了结果反馈和判断反馈,具体实施时可结合实际不断迭代和完善学员可能做出的各种行为,使该科目设计趋于完善。

10kV架空线路登杆作业互动教学设计

情境	任务场合	××供电公司配电线路运检工区10kV架空模拟线路实训场地（培训班组成员或新员工）
	人员角色	由1名培训师担任工作负责人，1名以上培训师担任专责监护人，学员担任工作班成员。工作负责人、专责监护人组织工作班成员持第二种工作票进行登杆训练作业
	情形条件	根据任务安排，工作负责人已进行现场勘察并确定工位数量
挑战	任务目标	工作班成员按照标准化工作流程使用脚扣登杆作业，要完成作业前准备工作并依次进行核对现场、上杆、下杆、清理现场等工作
	行为要求	工作班成员的行为符合电力安全工作规程线路部分、配电部分关于高处作业的要求，能够执行有关安全管理规定及要求，能够陈述工作票办理流程、操作技术要点和安全注意事项
活动	1 作业前准备	1.1 安全教育 工作班成员接受安全生产教育，学习电力安全工作规程，安规考试合格；工作班成员学习标准化作业指导书并观看标准化作业视频，能够复述整个操作程序，描述工作任务、质量标准及操作中的危险点及控制措施 1.2 工器具及材料准备 工作班成员按照标准化作业指导书要求，在工作负责人指导下，完成工器具材料的准备工作
	2 班前会	2.1 办理工作票 组织列队，宣读工作票，交代工作任务、安全措施及注意事项和技术措施，进行危险点告知，检查人员状况和工作准备情况；明确工作任务、安全措施及注意事项、技术措施和危险点，履行签字手续 2.2 落实安全措施 操作前核对线路双重名称无误。装设围栏，并悬挂标示牌"在此工作""从此出入"两种标示牌。做好防高处坠落措施
	3 操作示范	统一演示使用脚扣登杆的操作过程，明确技术要点和安全注意事项。操作示范包括：脚扣和安全带的人体荷载冲击试验、上杆步骤、下杆步骤、作业完毕现场清理
	4 操作训练	按照工位数量分组轮流操作训练，工作负责人和专职监护人认真监护，及时发现和纠正不安全行为。工作班成员训练结束后应向工作负责人报告
	5 操作评估	组织工作班成员轮流进行操作考核，制定并宣读评分标准，清理场地并做好安全措施，工作班成员操作期间，工作负责人和专职监护人对照评分标准按步骤评估并记录，录制登杆操作全过程视频，工作结束后将工作票、评分记录、操作视频等任务资料上传至线上平台存档
	6 班后会	组织清理现场，整理工器具材料，做到工完料净场地清，拆除防坠器、安全围栏等，检查现场无遗留物，组织列队，总结讲评工作开展情况。班后会结束，工作班安全撤离现场

续表

反馈1	行为	作业人员学习安规且考试合格，预习作业指导书，知悉工作任务、工艺标准、危险点及安全措施等
	结果	如行为符合要求，继续执行任务。如未执行，属管理违章，存在人身伤害、高空坠落等多种风险，禁止开工
	判断	线路安规4.4.1
反馈2	行为	工作负责人履行保证安全的组织措施，召开班前会，办理工作票，进行安全交底，落实安全措施
	结果	如行为符合要求，继续执行任务。如未执行，属行为违章，存在人身伤害、高空坠落等多种风险，禁止开工
	判断	配电安规3.3.3
反馈3	行为	作业人员正确着装，规范佩戴安全帽和使用安全带
	结果	如行为符合要求，继续执行任务。如未执行，属行为违章，存在人身伤害、高空坠落风险，禁止参加工作
	判断	线路安规4.3.4；线路安规10.4
反馈4	行为	作业人员登杆前，对安全帽、安全带、防坠器和脚扣进行外观检查，不合格禁止使用。安全带调整合适
	结果	如行为符合要求，继续执行任务。如工器具未经检查即使用，属行为违章，存在人身伤害风险
	判断	线路安规9.2.2；线路安规10.7；线路安规14.4.2.5；线路安规14.4.2.6；线路安规14.4.2.7
……		
反馈N	行为	全部操作结束后，工作负责人组织作业人员清理现场，召开班后会
	结果	行为符合规程要求。如未执行，属行为违章，未执行工作终结制度
	判断	配电安规3.7.1

（四）班组现场培训的效果评估

根据柯氏四级评估模型，班组现场培训可通过四级评估得到培训效果反馈，每级评估结果，均编制评估报告，收集学员的意见和建议，用于持续完善，确保培训质量和培训效果。

1.培训一级评估

培训一级评估是反应评估，指班组成员对培训科目和实施过程的直接感受，包括对师资、设施、资料、培训形式和培训内容等的看法。通常采用问卷调查、学员座谈的方法。通过一级评估可以直接获取班组成员的状态和期望，是个体层面需求的反馈。

2.培训二级评估

培训二级评估是学习评估，主要测量班组成员通过培训知识、技能、态度的提升情况。通常采用笔试、实训操作、答辩等测试方法。根据培训内容，可以周期性、项目化开展考核，对核心知识点和关键技能项进行笔试或实操，判断学员的掌握程度，每期考核结束后进行考核成绩分析，积累数据。二级评估在检验班组成员学习效果的同时，是对培训内容的重新审视和梳理。

3.培训三级评估

培训三级评估是行为评估，班组成员在工作中应用培训掌握的知识、技能后产生的能力提升和行为改善。行为评估包含上下级同事等周围人员对班组成员行为的评估以及班组成员的自评。

4.培训四级评估

培训四级评估是结果评估，从组织层面评估培训为企业带来的绩效提升，通过生产率、产品质量、服务满意度、事故率、员工离职率、人才当量等指标衡量，通过组织层面的各项指标分析可以明确来自培训的收益。四级评估的结果是组织层面需求重要体现，为培训方案的优化提供导向。

二、师带徒工作（S-OJT）

（一）师带徒工作的含义及特点

随着全球化和知识经济的发展，员工工作技能的更新日渐成为组织亟待解决的问题。为了降低培训成本、提高培训效率，许多组织选择了结构化在岗培训（structured on-the-job training，简称S-OJT）的培训方式。这种形式的"师带徒"可定义为：有经验的员工在工作场所或与工作场所近似的地点培训新员工，有计划地培养特定工作能力的过程。与传统师带徒相比，S-OJT有4个特点：一是由基于实际需求而进行的差距分析取得培训需求，二是要在工作现场或者与工作现场相似的环境进行，三是培训师须经过选拔和专门培训取得资格后方能实施培训，四是在后续的工作中跟踪、验证学员的技术技能掌握情况。

（二）师带徒工作的实施条件

当分析表明员工因缺乏适当的工作能力而无法按要求完成工作的情况下，组织才应实施师带徒或开展其他形式的培训。在实施师带徒工作前，要考虑五个方面、十四点因素：工作性质方面包含及时性、频率、难度、失误的后果；资源状况方面包含师资、时间、设备设施；环境限制方面包含培训地点、工作干扰；财务平衡方面包含学员人数、预期效益；个体差异方面包含学员条件、学员偏好、文化差异。

通常认为工作的紧迫性是决定培训形式的最重要的因素，针对工程技术人员最好的培训方法就是脱产集中培训。但更多的时候，由于人员配置、时间安排或地理条件等原因，工程技术人员无法离开工作岗位聚集在一起，并且工作任务的重复性高，工程技术人员培训非常适用师带徒的方式。

（三）师带徒工作的关键步骤

1. 工作任务分析

工作分析要具体到任务层面，需要确定任务绩效和完成任务所需要的能力。分析完成工作任务所需的知识、技能、态度，分析工作活动、工作行为、工作结果、工作资源，工作对人的要求以及工作的绩效标准。

2. 培训师选择

所有参与师带徒工作的培训师均需要经过选拔，除了具备高水平的技术技能外，还要通过专项培训才可以取得师资资格。专项培训主要有两方面内容：一是师带徒工作流程的学习，使所有培训师遵循同样的指导原则和培训流程对参训人员进行培训，以达到培训效果的一致性；二是传授有关授课技巧，使培训师具备善于引导、乐于分享、精于教会的能力。

3.课程方案开发

通过选拔的培训师开发课程方案，根据各专业、各层次的岗位技术要求，设计本专业、本层次培训教案和培训计划，包含项目化的培训课程清单，体现各项目之间的关联，配置师资、培训方式、开展地点、时间安排、工具耗材、设备设施等。课程方案要体现系统性与针对性相结合、灵活性与统一性相结合、前瞻性与实用性相结合的特点。

4.培训项目实施

培训师按照课程方案，灵活运用授课技巧对学员开展培训授课。在岗培训的过程中，要求学员在学习的同时执行该项任务，这一阶段包括观摩、再观摩、指导、部分独立作业、独立作业和评估作业。第一遍观摩时，学员可以打断培训师，积极提问；再次观摩时，学员不得打断培训师，以便观察培训师在正常效率下的操作情况；在指导阶段，学员要在培训师的指导下完成部分任务；部分独立作业时，学员在培训师的指导下完成全部任务；独立作业时，学员要在无人指导的情况下完成全部任务；评估作业则是指学员为了获得评估结果而完成任务。在培训实施过程中，不仅需要培训师和学员的付出，还需要各层次管理人员的参与和支持，以确保师带徒工作得以顺利实施。这包括：来自主管部门的支持、指导、监督控制；管理层对生产培训资源的统一协调；设备、工艺、安全等专业职能人员的技术支持等。

5.评估与改进

针对培训流程和组织架构进行评估和改进。一是培训过程评估，培训时间是否充足，使用资源是否容易获得，培训师是否准备充分，培训项目是否完整，学员是否喜欢培训内容和方式。二是培训结果评估，培训目标是否达到，对绩效有何影响，培训效果是否符合学员职业发展需要。三是组织支撑评估，管理层是否为师带徒提供了足够的资源，培训是否给生产和业务的正常运行带来不利的影响，资深员工能否抽出时间去培训他人。

三、培训项目开发

（一）培训项目开发的基本概念

1. 培训师的能力要求

"师者，所以传道授业解惑也。"培训师属于跨界职种，处于多个职种能力交集的核心。培训师要具备：教授的"广度"知识储备丰富，专家的"深度"思考见解独到，教师的理论教学素养，教练的实操训练素养。此外，培训师还要具备培训项目开发的能力。

2. 项目的概念

项目是一系列独特的、复杂的并相互关联的活动，这些活动有着一个明确的目标或目的，必须在特定的时间、预算、资源限定内，依据规范完成。美国项目管理协会（Project Management Institute，PMI）在其出版的《项目管理知识体系指南》（*Project Management Body of Knowledge*，PMBOK）中对项目的定义：项目是为创造独特的产品、服务或成果而进行的临时性工作。

3. 培训项目开发的类型及典型技术路线

培训项目开发是指为满足特定的培训需求，明确和规范培训对象、培训内容、培训方式、使用资源、考核评估、培训费用等相关内容，为培训项目实施提供依据。主要分三种类型：一是计划内培训项目的筹备型开发，针对年度培训计划，主要开发培训方案、实施方案、预算、培训指南，周期长、要求高的项目还要开发专用教材和考核题库；二是战略性培训项目的储备型开发，针对行业发展趋势及最新技术，界定培训对象、策划培训内容、发掘潜在师资，形成培训方案；三是培训工作相关标准（规范）的研究型开发，工作标准、管理办法、技术文件等为项目实施提供支撑。

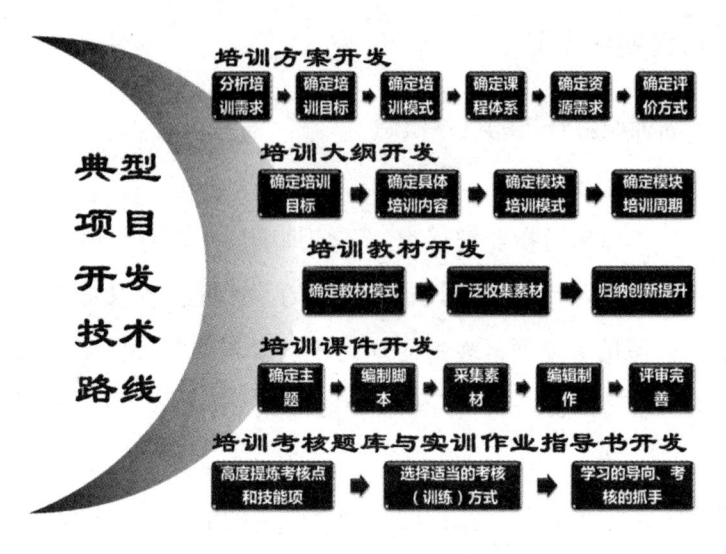

典型项目开发的技术路线

典型项目开发技术路线：

培训方案开发：分析培训需求 → 确定培训目标 → 确定培训模式 → 确定课程体系 → 确定资源需求 → 确定评价方式

培训大纲开发：确定培训目标 → 确定具体培训内容 → 确定模块培训模式 → 确定模块培训周期

培训教材开发：确定教材模式 → 广泛收集素材 → 归纳创新提升

培训课件开发：确定主题 → 编制脚本 → 采集素材 → 编辑制作 → 评审完善

培训考核题库与实训作业指导书开发：高度提炼考核点和技能项 → 选择适当的考核（训练）方式 → 学习的导向、考核的抓手

上图中列举了几种典型项目开发的技术路线。每种项目开发的步骤都不同，是不是要事先记住这些技术路线，才能按照步骤开展工作？其实不然。这些技术路线都是外延，我们要探寻培训项目开发的内涵。所谓"复杂体系需要用简单规则去驱动"，我们只要能够找到"简单规则"，就能玩转培训项目开发。这个"简单规则"是什么呢？就是培训项目开发模型。

（二）培训项目开发的工作流程

1.品牌培训项目敏捷迭代模型

适应当前形势要求的企业培训项目开发工作流程可以概括为"品牌培训项目敏捷迭代模型"。何谓"敏捷迭代"？迭代是建立在逐次逼近的概念上的。其基本理念是，设计目标不追求完美，只关注一个理想状态的近似值。不奢望一次成功，而是通过评估不断接近理想结果，最后达到一个可以接受的设计境界，这种做法可以缩短交付周期，加快工作进程，因为高效所以被称为敏捷。

品牌培训项目敏捷迭代模型由分段迭代的循环过程构成，依次分为需求分析、迭代设计和迭代开发三个阶段。

第一，需求分析阶段。分析形势，提出培训解决方案；聚焦培训对象，分析组织、岗位、员工三个层面需求，找出绩效和能力差距；统筹资源、分析成本、预估效益，明确培训目标。通过评估和完善，完成需求分析阶段迭代。

第二，迭代设计阶段。按照设计原则，结合需求分析：设置培训科目；设计重点内容；设计培训活动；设计培训方式；设计培训考评；建立设计模型。通过评估和完善，完成培训设计阶段迭代。

品牌培训项目敏捷迭代模型

第三，迭代开发阶段。是检验、反馈和显性化设计模型的过程，形成能够支撑培训实施的项目资源并开展试点。例如形成以培训方案为总纲，专用教材为载体，考核题库为导向的三位一体典型培训项目开发资源体系。通过评估和完善，完成培训开发阶段迭代。

该模型具有三个特点：一是将评估环节引入各个工作阶段，成为启动迭代循环的判断条件，能够及时获取反馈，强化过程管控，校正设计偏差、发挥导向作用；二是各阶段形成工作闭环，通过迭代，能够迅速趋近预期目标、提升工作效率、提高工作质量；三是培训需求更新将触发整体迭代，以终为始，继续按照需求分析、迭代设计、迭代开发的"三部曲"开展项目优化迭代。该模型完成了开发工作各环节的统筹、重组、优化、发展和创新，能够实现迭代优化和深度开发。

2.各环节参与人员

三个阶段的参与人员构成"金字塔结构"。需求分析阶段参与人员最多，包含培训决策者、预算制定者、岗位能手、主题专家、绩效主管、送培单位代表、往期学员、目标学员、项目开发组织者等，随着工作开展和目标明确，后续参与人员主要以培训组织者和实施者为主。这座金字塔不仅明确了开发工作的参与者，也为发掘潜在师资提供了参考。培训实施所需的师资就可以从各阶段的参与者中遴选，培训项目开发的过程可以视为一次细致的备课。

在此，不一一讨论参与者的重要性，但强调一点，让往期学员参加进来是非常有用的，往期学员往往能表达什么对学习有帮助，什么引发灵感，发现了什么困难或困惑。通常他们比主题专家更能够提供有价值的意见，主题专家往往想得太多，更容易将新手带领到错误的方向。

3.各环节评估设置

该模型中，评估是启动迭代的关键节点，如何设置评估才能实现迭代效果的最优化？不要进入"追求完美"的陷阱，要从工作中选取几个关键点作为评估抓手，具体指标权重根据实际情况拟定。三个阶段的评估各有侧重。

需求分析阶段评估主要有三点：全面性、准确性和可行性。全面性是指需求分析要覆盖组织层面、工作层面、个体层面，保证客观全面；准确性是指对培训对象的定位准确，对能力差距的分析准确；可行性是指拟定的培训目标要客观严谨、科学可行。

迭代设计阶段评估主要有三方面：系统性与针对性方面、灵活性与统一性方面、前瞻性与实用性方面。在系统性与针对性方面，要兼顾个体层面需求和组织层面需求；在灵活性与统一性方面，要兼顾标准化和个性化；在前瞻性与实用性方面，要兼顾岗位需求和职业发展。

迭代开发阶段评估主要有三点：符合性、科学性和规范性。符合性是项目开发成果要以培训目标为核心进行层层展开与递进；科学性是成果内容要正确无误、描述准确、筛选得当、导向明确、确保时效；规范性是成果的格式、术语、文字符号、图表形式要标准。

（三）培训项目开发的工作要点

1.需求分析的工作要点

培训需求分析工作整体过程由需求触发，依次递进，分为三个阶段：组织层面需求分析、岗位层面需求分析、员工层面需求分析。如下图所示。

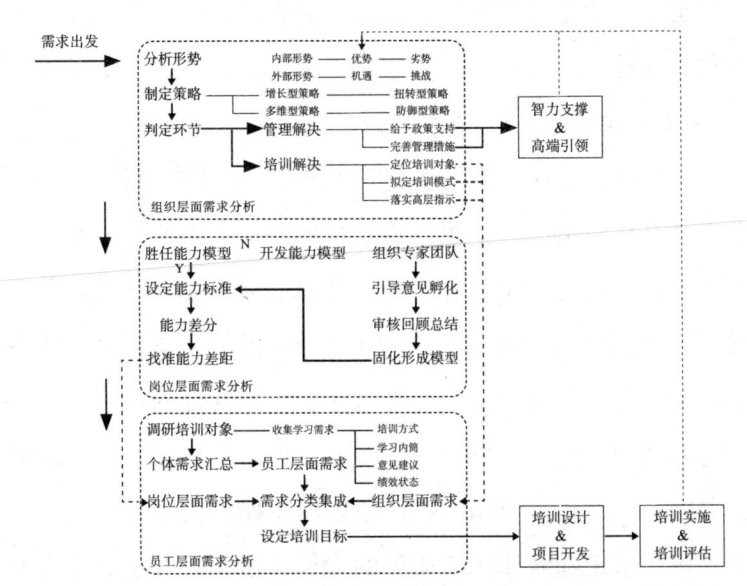

培训需求分析工作整体过程

（1）组织层面需求分析

组织层面需求分析主要是分析形势研究策略拟定解决方案。

为避免盲目培训和过度培训，使培训与生产运营相辅相成，要有机结合企业内、外部形势，制定相应策略，以决定采取何种举措解决问题。通过广泛调研和信息采集，逐条概括归纳出内、外部形势，内部形势主要指企业的优势和劣势，外部形势是企业发展所面对的机遇和挑战。依据四种形势制定四类策略，结合机遇和优势制定增长型策略，以外部机遇促进优势发挥；结合机遇和劣势制定扭转型策略，以外部机遇掩护、弥补自身劣势；结合优势和挑战制定多种经营型策略，利用自身优势规避或消减威胁；结合劣势和挑战制定防御型策略，坚壁清野，削弱自身劣势、回避外部挑战。对策略判定分类，归纳为管理和培训两类解决方式，针对管理解决的策略，应给予相应的政策支持或完善管理举措，为企业人力资源管理顶层设计提供智力支撑，发挥高端引领作用；针对培训解决的策略，应分解落实高层指示，定位培训对象，拟定培训模式，继续开展岗位层面和员工层面的需求分析。

（2）岗位层面需求分析

岗位层面需求分析主要是通过岗位胜任能力模型找准能力差距。

通过能力差分找出能力差距的前提是要形成一个能力标准，岗位胜任能力模型从知识、技能、态度等多个维度描述岗位能力标准，便于与培训对象现有能力进行对比。对于已经建立培训规范的岗位，可以从培训规范中直接提取岗位胜任能力模型；对于未建立培训规范的岗位，要组织开发岗位胜任能力模型。模型开发宜采用专家工作坊的模式，一是以岗位能手为骨干，组建目标岗位专家团队；二是以岗位能力为主题，引导专家团队开展头脑风暴，呈现和孵化团队成员的意见；三是以专家意见为纲要，组织专家团队逐项审核回顾，调整并优化形成目标岗位能力描述；四是以能力模型为框架，将目标岗位能力描述分类汇总，概括归纳为以知识、技能、态度等维度构成的岗位胜任能力模型。

（3）员工层面需求分析

员工层面需求分析主要是融合三个层面需求设定培训目标。

①开展员工层面培训需求调研，从培训方式、学习内容、意见建议、绩效状态等多方面收集培训对象的学习需求，汇总并梳理形成员工层面需求。

②分类集成培训需求，设定培训目标。将组织层面需求分析得出的培训对象、培训模式和精神指示，以及岗位层面需求分析得出的能力差距，与员工层面培训需求相融合，综合考量后设定意义突出（Meaningful）、激励性强（Motivational）、便于衡量（Measurable）的3M型培训目标。

上述培训需求分析工作过程有两个特点：

①"关口前移"，在需求分析前期突出了形势评估和策略制定，基于企业实际拟定科学可行的培训解决方案以及辅助管理手段。

②"重心下沉"，找准培训对象的岗位能力缺项和不足，尊重员工个性化学习需求，设定精准全面的培训目标。

2.迭代设计的工作要点

迭代设计阶段是以设计原则为中心，结合培训需求分析，进行培训科目设置、重点内容设计、培训活动设计、培训方式设计、培训考评设计，建立设计模型，通过评估和迭代完善设计模型，实现组织形式项目化、核心关键统一化、学习体验情境化、能力提升趋前化、考核评价多维化，形成能够实现培训目标的项目设计。

设计原则是充分考虑并协调三个方面的矛盾，即针对性与系统性的矛盾、统一性和灵活性的矛盾、实用性和前瞻性的矛盾。根据培训需求和资源状况，有机融合矛盾的双方，在培训项目设计过程中发挥辩证统一的原则性作用。

①针对性和系统性相结合，即兼顾员工需求与组织需求。针对性侧重

"专用",系统性偏向"通用",培训内容策划应从需求分析出发,根据培训对象的成长特点,结合专业发展新趋势,以工作任务为导向,突出"缺项"知识和"差距"技能,形成衔接有序、互为补充的项目化培训内容,根据培训内容特点设计培训活动,提高培训对象的参与度,充分调动学习的主动性、自觉性,持续改善培训效果。

②统一性和灵活性相结合,即兼顾标准化与个性化。针对培训目标一致的培训项目,其课程设计与开发应在核心知识和关键技能的传承方面做到完全统一,保证培训效果。在此基础上,也应结合各期次、各地区的资源状况和实际情况,策划特色鲜明的培训内容,灵活调整培训方式,科学安排替代科目,既保证培训不缩水,又避免"无米之炊"。

③实用性和前瞻性相结合,即兼顾岗位能力与职业发展。实用性突出的内容通常不够先进,前瞻性强的项目往往尚未普及,仍处于理念和试行阶段。课程设计与开发应贯彻"与现场同步并适度超前"的指导思想,以提高培训对象履职能力和职业素养为目标,注重结合以往经验,注重引入外部典型,注重把握内容细节,注重突出企业特色,引导培训对象"基于理论、着眼实践、立足实用、思考未来"。

设计模型是迭代设计评估的抓手,以表格的形式集中呈现了五大环节的培训设计,其中,"岗位分类""专业分类"明确定位了培训对象;"项目设置""课程包""重点内容""考评方式""培训方式"构成了培训课程表,"项目设置"体现了项目化的内容组织,"课程包"明细了各项目所含的课程、科目以及替代、后备,"重点内容"指明了处于各项目的核心知识点和关键技能项,"考评方式""培训方式"均要与各门课程、各个科目一一对应、相互匹配;"科目流程设计""实施细节描述""先进理念应用""科目管控设计"是对"O2O+翻转课堂"培训方式的详细阐述。从建立的设计模型可见,培训设计是全方位、多角度的系统工程,不仅包含培训内容,还要涵盖方式方法、实施管理等方面,设计决定开发、成果决定质量。

3.迭代开发的工作要点

迭代开发阶段是检验、反馈和显性化设计模型的过程，形成能够支撑培训实施的项目资源并开展试点。为项目的持续迭代、优化、完善提供依据。

基于顶层设计的培训项目开发资源体系具体由培训方案、专用教材、考核题库三大实体构建。其中，培训方案是企业培训全过程实施的总纲，以需求分析为起点，明确培训目标、培训资源配置情况、培训大纲、课程项目、核心知识点和关键技能项以及培训考核评估方式。专用教材是知识技能的载体，由培训方案中培训大纲延伸而来，按照培训类型选用相应的编辑体例，将培训内容显性化，继而提炼内容要义，编制配套演示文稿，主要应用于培训教学环节。考核题库是培训学习的导向，也是培训考核的抓手，由培训方案中培训大纲和培训考核评估方式延伸而来，明确考核指标，选取考核方式，合成考核题库，主要用于核心知识、关键技能的巩固和培训考核的学习效果评估。培训方案、专用教材、考核题库三者的开发一脉相承，具有顶层决定性、整体关联性、顶层简明性和使用一致性，共同形成了培训项目开发资源体系顶层设计。